신의 고향 하와이

신의 고향 하와이

박선엽 교수의 하와이 견문록

푸른길

하와이 화산 국립 공원 답사 중 재거 박물관 앞에서 포즈를 취한 학생들

이 책을 쓰기까지

하와이는 환경과 문화 등 여러 면에서 미국 본토와 다른 모습을 하고 있다. 지금도 그렇지만, 하와이 생활을 시작하면서부터 거의 매일 하나 둘씩 이런 하와이의 모습을 경험하고 익히게 되었다. 지리적으로 특별한 위치에 있는 하와이가 어떤 유별난 특성을 지니고 있는지 눈여겨보는 것은 지리학을 전공하며 학생들을 가르치고 있는 대학 선생의 입장에서 어쩌면 당연한 의무일지 모른다. 지난 몇 년간 하와이 생활을 하면서 보고, 듣고, 경험한 것을 어떤 형식으로든, 개인적으로라도 정리해 보고 싶은 생각이 들었다. 그러던 중, 하와이를 소개하는 대중적인 글을 써 줄 사람을 찾고 있던 출판사에서 내가 이곳 하와이 대학교에 재직한다는 것을 알고 의향을 물어 왔다. 머릿속으로만 뭔가 정리를 할 필요가 있다고 느끼고 있었지 실제로 글을 통해 기록할 시간을 찾지 못하던 차에 좋은 기회다 싶어 글을 쓰기로 하였다.

하와이를 처음 방문하는 사람이라면 주위 경험자들이나 책 또는 인터넷을 통해 귀한 시간을 어떻게 보낼지에 대해 많은 공부를 할 것이다. 꼼꼼한 사람이라면 명승지, 음식, 쇼핑, 렌터카, 호텔 등 어디서 무엇을 얼마나 할 것인가에 대한 마스터플랜을 여러 쪽에 걸쳐 이미 마련해 놓았을 수도 있다. 또 하와이 관련 책들을 참고삼아 여행 중 꼭 해야 될 것과 하지 말아야 될 것을 조목조목 선별해 놓았을 법도 하다. 이 책은 하와이에서 가 볼 만한 맛집이나 시설 좋고 경제적인 숙박 시설, 또는 멋들어진 골프 코스의 리스트와 연락처를 일목요연하게 정리하고 해설하는 책이 아니다. 누군가 이미 만들어 놓았을, 혹은 구글에서 쉽게 얻을 수 있는 일반 정보라면 구태여 시간과 노력을 들여 또다시 책을 낼 필요가 없을 것이다. 시간을 잘 쪼개 쓰는 법, 경비를 절감할 요령, 그리고 어디를 어떻게 돌아다닐지에 대한 구체적인 여행 디자인은 여행 당사자들이 별도로 고민하시기 바란다.

이 책은 하와이에서 살면서 시간 날 때마다 하와이의 일부를 돌아보며 미국 땅이되 본토와는 구별되는 특별한 이곳의 자연환경, 인문환경, 자랑거리, 부족한 점들을 경험을 통해 느끼고 배운 바에 따라 정리한 것이다. "하와이는 왜 이런 이질성을 가지고 있을까?" 하는 의구심은 다분히 '지리적' 탐구의 영역일 수밖에 없다. '지리적인' 문제는 자연환경적인 부분뿐만 아니라 그에 따른 인문사회적인 것을 모두 포함하는 것이다. 휴가를 위해 잠시 머무르는 동안 보는 하와이의 모습과 장기간 거주하면서 보는 하와이의 모습은 서로 같지 않을 것이란 전제하에 글을 썼다. 하와이에 대한 남다른 관심이 있거나 하와이 방문을 계획하고 있는 분들, 그리고 하와이를 그저 좀 알고 싶은 분들 모두가 출퇴근 전철 안에서 틈날 때마다 몇 쪽씩 읽으며 하와이에 대한 이해를 넓힐 수 있었으면 하는 바람을 가져 본다. 이 책을 읽고 하와이에 대한 한 가지 상식이 늘었다거나, 내년에는 마음먹고 하와이로 휴가 한번 다녀올까 하는 의욕이 생긴다면 저자로서 작은 보람을 느낄 것 같다.

책의 내용은 거의 모두 현장 경험에 기반하여 집필하였으며, 여행객들이 주로 가는 오아후, 마우이, 하와이 섬을 대상으로 했다. 앞으로 나머지 섬 카우아이, 몰로카이, 라나이로 여행갈 기회가 생긴다면 그에 대한 글도 구상해 볼 수 있을 것이다. 하와이를 주제로 집필을 기획한 지도 1년이 훌쩍 지났다. 2008년 여름 한국을 방문하던 중 출판사에 들러 사장님과 편집장님으로부터 밥까지 대접받으면서 많은 격려와 조언을 받았다. 책이 출간되기까지 깊은 배려와 관심으로 지원해 주신 (주)푸른길의 사장님 이하 직원 여러분의 수고에 감사드린다.

2009년 5월
박선엽

차례

1장

신의 고향 하와이

하와이가 특별한 것은 하와이가 '지리적으로' 특별하기 때문이다. 하와이는 사람은 물론이고 동식물의 경우에도 정착하기 매우 힘든 태평양의 한중간에 자리하고 있다. 아주 오랫동안 사람, 풍물, 정보, 유전자의 상호교환이 단절된 결과로 널따란 대륙의 인간사와는 전혀 딴판의 세상이 하와이에 펼쳐지게 되었다.

섬사람들만의 천국이었던 하와이가 외부인에게 들키면서 세상과의 교류가 시작되었다. 말로만 돌아가던 사회에 글자가 유입되면서 온몸에 피가 돌듯 서구의 문물이 지체 없이 이식되었다. 기독교를 비롯한 서구 문화에 이어 플랜테이션에 동원될 노동력이 유럽과 아시아 국가들로부터 밀려들자, 순식간에 순혈주의적 전통에 금이 가고 다국적·다문화 사회로 변해 갔다.

하와이는 미국의 한 주로 편입되어 정치적으로는 미국 땅이지만, 알로하로 대표되는 하와이의 독특한 생활 방식은 미국 본토와 분리되어 그 자체가 세계적인 상품으로서 하와이 주의 주요 생계원으로 기능하고 있다. 하와이의 말, 훌라 댄스, 먹을거리, 서핑을 비롯한 각종 레저 환경 등이 여행객들을 하와이 공항으로 불러들이고 있다.

넘치는 알로하!

장시간의 지루함 끝에 비행기가 오놀룰루 공항에 내려앉을 스음이면 으레 기내가 응성거린다. 시리도록 푸른 태평양에 둘러싸인 이색적인 풍경이 창 밖으로 보이면 한 마디씩 중얼거리지 않을 수 없다. 방학 때가 되어 어린 학 생들이라도 대기 비행기에 올라 있다면 여기저기서 터지는 함성과 괴성에 비행기 동체가 흔들릴 지경이다.

언제나 방문객을 따뜻하고 편안하게 안아 주는 녹색의 땅 하와이. 비행기 에서 내리면 바로 "알로하(Aloha)!"가 시작된다. 여행사 직원이건, 거래처

하와이에선 어딜 가도 알로하 인사를 주고받는다. 타운을 들어서는 어귀에는 흔히 반갑고도 친근한 알로하 인사가 방문객을 반긴다.

사람이건, 친구건, 아니면 식구나 친척이건 공항에 마중 나와 있는 모든 사람이 반갑게 건네는 말이 '알로하'이다. 오직 하와이에서만 쓰는 말 알로하, 무슨 뜻일까? '안녕하세요' 정도로 알고 있다면 다시 한 번 생각할 일이다. 알로하는 사람이 만나고 헤어지는 일 외에도 수많은 일상의 관계를 함축하는 말이다. '만나서 반갑습니다', '어서오세요', '안녕', '호의에 감사드립니다', '안녕히 가세요', '안녕히 계세요', '정말 오랜만입니다', '또 뵙겠습니다', '수고하셨습니다', '행운을 빌어요' 등 다양한 인사말을 대신한다. 상대방을 대하는 따뜻한 마음과 무한한 배려심, 조화, 화합, 친절, 인내, 감사함을 총체적으로 함축한 말이라고 할 수 있다. 하와이를 여행하면서 사람을 만나고, 사귀고, 헤어지고 하는 과정에서 수없이 듣고 쓰게 되는 말이다.

상대방에 대한 특별한 배려, 즉 알로하는 공항에 내리면서부터 경험하게 된다. 마중 나온 사람은 십중팔구 손에 꽃목걸이 레이(lei)를 들고 있다가 상대방의 목에 친절히 걸어 준다. 방문객을 환영하며 찾아 주어서 감사하다는 뜻을 전하는 하와이만의 방식이다. 그러면 방문객은 귀중한 만남을 더더욱 특별하게 생각하며, 상대방이 건네는 열렬한 환영의 뜻을 몸으로 마음으로 느낀다. 이러한 하와이식 인사는 공항에서뿐만 아니라 방문객을 맞는 모든 곳에서 이루어진다. 기념품을 파는 가게, 민속촌, 호텔 입구에서도 항상 레이로 여행객을 맞이한다.

하와이에 사는 사람들의 경우에도 특별한 손님을 맞거나 학회나 모임 등의 행사가 있을 때, 정든 사람을 떠나보낼 때, 입학이나 졸업식장에서, 상을 받을 때, 신입 사원이나 회원을 맞을 때, 기타 특별한 고마움을 표시할 때 흔히 이 꽃목걸이를 사용한다. 상대방이 레이를 걸어 주며 '알로하'라고 건네

디자인이 크고 화려한 알로하 셔츠를 입고 레이를 걸고 있는 필자. 레이는 갖가지 생화와 잎을 사용해 수작업으로 만든다. ⓒ 홍정아

하와이에 와서 처음 배우는 말이 '알로하' 라면, 그 다음으로 배울 것은 '마할로' 이다. 고맙다는 말이다. 대형 할인매장 고객 서비스팀의 벽면에 붙여진 마할로.

면, '마할로(Mahalo)'라고 화답하며 자신의 마음을 전하면 된다. 마할로 역시 '감사합니다'란 뜻을 지닌 하와이 말이다.

하와이에는 알로하를 표현하는 특이한 몸짓 또는 수화 형식의 신호가 있다. 샤카 사인(shaka sign)이라 하는데, 엄지와 새끼손가락을 뺀 가운데 세 손가락을 접고 상대방 쪽으로 손등이 보이게 하여 반갑게 흔드는 인사법이다. '반갑습니다', '환영합니다', '안녕하세요', 'OK', '잘 가요', '좋습니다', '고마워요' 등 여러 의미를 담고 있다. 손가락을 이용한 표현이 그리 예의 바른 행동이 아닌 우리나라 정서에서는 샤카 인사를 처음 대할 때 '뭔가 우호적이지 않거나 나를 욕하는 것이 아닐까' 하는 기분이 들 수도 있다.

하와이식 우정 표현이라고 할 수 있는 이런 특이한 몸짓이 생겨난 데에는

대학 졸업식 축하 파티에서 한 졸업생이 자연스레 샤카 사인과 함께 포즈를 취했다.

웃지 못할 일화가 있다. 1930년대 사탕수수 재배가 성할 때, 사탕수수 농장에서 일하던 한 인부가 사고로 오른손 가운데 세 손가락을 잃었다. 이후 이 사람은 그 농장의 경비로 일하게 되었는데, 사탕수수를 서리하는 동네 아이들이 이를 알고 엄지와 새끼손가락을 이용한 신호를 쓰기 시작했던 것이다. 즉 아이들이 샤카 사인을 주고받으면 주위에 그 아저씨가 순찰을 하고 있다는 경고였다.

어딜 가나 하와이에는 알로하가 아로새겨져 있다. 하와이 주의 닉네임이 바로 알로하이고, 얼마 전 자금 문제로 문을 닫은 하와이의 대표적 항공사도 알로하 항공이었다. 하와이의 대표적인 미식축구장 이름은 알로하 스타디

하와이 주에서 가장 큰 다목적 경기장 알로하 스타디움의 전경. 하와이 대학 팀의 홈 경기장이며 프로 풋볼과 오프시즌볼(Off-season Bowl) 경기가 정기적으로 열린다.

알로하 셔츠는 꽃무늬, 거북, 야자수 등의 문양이 들어간 하와이 스타일의 셔츠이다. 1930년대에 처음 만들어졌는데, 당시 흔했던 화려한 일본 기모노 옷감을 이용해 서양식 셔츠를 만들기 시작한 것이 발단이 되었다. 지금은 하와이의 많은 사람들이 즐겨 입지만, 직장에서 알로하 셔츠를 허용한 것은 1960년대 중반 이후이다.

움. 알록달록 울긋불긋한 하와이 특유의 셔츠는 알로하 셔츠. 거리의 자동차에 붙인 대다수의 스티커들도 모두 알로하.

하와이에 발을 들인 이상 알로하에 파묻혀 지내야 한다. 모든 일을 상호 존중의 미덕을 가지고 여유롭게 진행해야 한다. 우리식의 '빨리빨리'는 잘 통하지 않는 사회인 것이다. 재촉하지 않고, 서두르지 않으며, 만족한 결과를 얻기 위해 만사를 순리에 따라 처리하는 하와이의 생활 방식과 철학이 바로 알로하 정신(Aloha Spirit)이다.

여덟 개의 섬

'하와이'는 하와이 어로는 '작은 고향'이란 뜻이고, 폴리네시아 어로는

'신이 계신 곳'을 의미한다. 이 두 가지 뜻을 모두 헤아리면 '신의 고향'이란 말이 아닐까.

신의 고향 하와이는 미국 최남단에 있으며, 면적상 네 번째로 작은 주(로드아일랜드, 코네티컷, 델라웨어 다음)로 전체 인구가 128만 명(미국 인구통계청 2006년 추산치)이다. 태평양 한가운데 고립된 덕에 지구상 그 어느 지역보다도 고유한 자연환경을 지니고 있다. 태평양 건너 위치하는 주요 대륙으로부터의 거리를 알아보면, 동쪽 바다 건너 본토의 캘리포니아로부터는 3,824km, 서편의 일본으로부터는 6,160km, 남서쪽 오세아니아 대륙으로부터는 8,400km, 북쪽 알래스카로부터는 4,480km나 떨어져 있다. 동식물을 막론하고 헤엄치거나 바람에 날려 하와이에 닿을 가능성이 거의 없다. 그

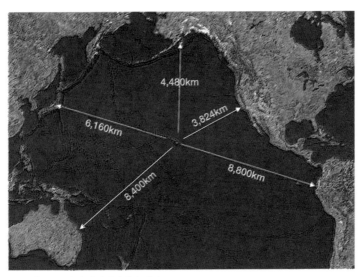

주요 대륙으로부터 하와이까지의 거리.

래서 하와이에는 뱀이 없다. 하와이에서 뱀을 발견한다면 그것은 신문 기삿감이다. 하와이에 있어서는 안 될 것이 있는 것이므로 뱀 발견 즉시 당국에 알려야 한다(The Pest Hotline, 808-586-7378). 한편 하와이는 위도상으로는 북위 20도 내외에 걸쳐 있어 무역풍대에 속한다. 그래서 연중 일조량이 풍부하면서도 선선한 바람이 늘 열대의 열기를 식혀 준다. 이러한 이상적인 기후 조건이 하와이를 세계 최고의 휴양지로 만드는 일차적 요인이다.

하와이는 100개가 넘는 크고 작은 섬들로 이루어져 있지만 대부분 수면 아래에 있다. 하와이를 구성하는 주요 섬은 여덟 개인데 북서쪽에서 남동쪽

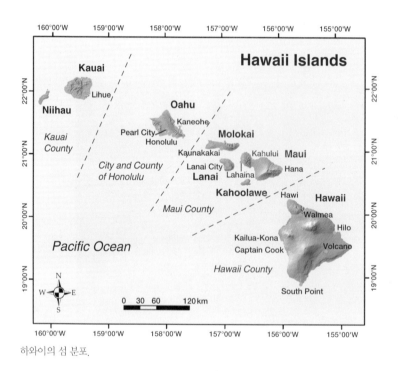

하와이의 섬 분포.

으로 니이하우(Niihau), 카우아이(Kauai), 오아후(Oahu), 몰로카이(Molokai), 라나이(Lanai), 마우이(Maui), 카호올라웨(Kahoolawe), 하와이(Hawaii)의 순이다. 지도상에서 한 줄로 늘어서 있는 이 섬들은 모두 화산 작용에 의해 생긴 것으로 형성 과정이 아주 흥미롭다. 사실 이들은 한배에서 태어난 형제들이라고 할 수 있는데, 하나의 고정된 용암 분출지로부터 순차적으로 만들어져 컨베이어 벨트 위에서 움직이듯 지각판의 이동과 함께 점차 북서진하였다. 가장 큰형이 최북서단에 위치해 있고, 막내는 남동쪽 끝에 자리하고 있다. 이들은 지금도 아주 서서히 북서쪽으로 움직이고 있다.

하와이의 섬 이름들을 대하다 보면 혼란스러운 면이 있다. 하와이의 주요 섬 가운데 하나가 '하와이'이기 때문이다. '하와이 섬(Island of Hawaii)'은 행정적으로 최남단 하와이 카운티에 속해 있는, 하와이 주에서 가장 큰 섬이다. 하와이 사람들은 흔히 이 섬을 '빅아일랜드(Big Island)' 또는 줄여서 '빅아일(Big Isle)'이라 부른다. 이 책에서 '하와이'는 '하와이 주'를 가리키는 것이며 '하와이 섬'은 'Island of Hawaii'를 의미한다.

뭐니 뭐니 해도 하와이의 가장 큰 자랑은 이국적 녹색 환경과 온화한 기후이다. 우거진 녹음은 태고의 모습을 간직한 듯하고, 태평양에 둘러싸인 겨울 없는 자연은 세상의 시름을 잊게 한다. 후드득거리는 대찬 비가 더위를 식혀주는가 싶으면 또 어느새 화창하게 날이 개어 하루에도 몇 번씩 그림 같은 무지개를 감상할 수 있는 천혜의 열대 섬이다. 몇 년 살면서 남들이 평생 동안 볼 무지개의 몇 곱절은 보았으니, 하와이는 진정 무지개 주라 할 수 있다. 영화 '쥐라기 공원'과 '인디아나 존스'를 제작한 스필버그 감독은 이들 영화에 가장 어울리는 배경으로 모두 하와이 열대 우림을 선택했다.

하와이의 열대 우림은 수직적으로 몇 개의 식생층을 형성하는 우거진 삼림이다. 키가 큰 수종을 필두로 빽빽한 가지와 잎이 하늘을 가리고, 그 아래로는 그늘에서도 잘 자라는 양치식물류, 더 아래로는 키 작은 관목이나 초본들이 바닥층을 형성한다.

하루에도 몇 번이나 만날 수 있는 하와이의 무지개.

하와이 기념주화 디자인 경쟁에서 최종 후보로 오른 다섯 가지 도안. 두 번째 디자인이 최종 안으로 결정되었고, 2008년에 기념주화로 나왔다.

전 세계로부터 수많은 방문객을 받아들이는 하와이는 하와이 정신을 따라 '알로하 주'라는 별명을 갖고 있다. 그렇다면 하와이를 대표하는 상징은 무엇일까? 하와이 사람들의 생각을 간접적으로 알 수 있는 일이 있었다. 미국에서는 1999년부터 10년 계획으로 각 주마다 상징적인 디자인을 선발하여 25센트짜리 동전에 그려 넣는 프로젝트(www.usmint.gov)를 해 왔다. 2008년에 마지막으로 하와이 주의 기념주화가 발행되었는데 최종 후보에 올랐던 다섯 가지 도안들을 보면 상징물이 세 가지로 압축된다. 바로 하와이 왕, 훌라 댄스, 서핑이다. 주민 투표 결과, 하와이 부족들을 하나의 왕국으로 통일한 카메하메하 대왕이 하와이의 여덟 개 섬을 향해 손을 넌지시 들고 있는 디자인(위 그림의 두 번째 도안)이 뽑혔다. 하와이 사람들의 마음에는 통일의 위업을 이룬 왕에 대한 존경심이 그만큼 소중하게 남아 있다는 이야기이다. 기념주화 디자인에 들어가 있는 알 수 없는 단어들은 하와이 주의 모토를 하와이 어 그대로 적은 것이다. '우아 마우 케 에아 오 카 아이나 이카 포노'. 우리말로 '대지의 생명은 정의로움 가운데 영생한다' 정도의 뜻이다.

알로하 주 하와이는 미국의 50번째 주로 주도는 호놀룰루이며 영어와 하와이 어가 공식 언어이다. 주도가 있는 오아후 섬에는 하와이 전체 인구의 80% 이상이 몰려 있다. 주의 기는 마치 영국기와 미국기를 섞어 놓은 듯한 모양을 하고 있는데 백색, 적색, 청색 순으로 그려진 여덟 개의 가로줄은 하와이의 여덟 개 섬을 상징한다. 하와이 주를 상징하는 꽃은 무궁화와 유사한

하와이 주기. 영국기의 유니온잭(Union Jack)과 미국기의 스트라이프를 닮았다.

하와이 주를 상징하는 새 네네(하와이기러기). 오리 종류로 발에 물갈퀴가 없는 것이 특징이다.

하와이 주를 대표하는 꽃 일리마.

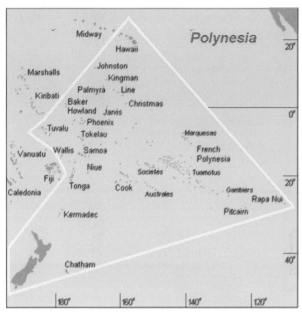

폴리네시아는 오세아니아의 일부로 중앙태평양과 남태평양에 걸쳐 있는 1,000여 개 섬들의 집단을 말한다.

맨 처음 발견했을까? 그들은 어떻게 하와이를 찾았으며, 왜 하와이에 정착했을까? 하와이와 관련하여 누구나 갖게 되는 이러한 궁금증에 대한 답은 안타깝지만 앞으로도 미스터리로 남을 것 같다. 왜냐하면 하와이에 처음 원주민이 정착하여 살게 된 구체적 과정이 전혀 전해지지 않기 때문이다.

그렇지만 학자들은 여러 가지 인류학적, 고고학적 증거들에 기반하여 하와이 발견의 역사를 대략적으로 복원하고 있다. 이에 따르면 유럽 인들이 하와이를 발견하기 수백 년 전에 이미 남태평양의 폴리네시아 인들이 하와이로 이주해 정착하였다. 크게 두 차례에 걸쳐 이주 물결이 있었는데, 첫 번째는 6~7세기경에 마르키즈 제도(Marquises Islands)로부터였고, 두 번째는 11세기경 소시에테 제도(Société Islands)로부터의 유입이었다.

그 먼 옛날, 폴리네시아 인들은 4,000km에 이르는 이 바닷길을 왜 건너왔을까? 물론 이에 대한 명확한 답은 없다. 전쟁이나 혹독한 가뭄, 인구 팽창 등의 매우 절실한 이유로 먼 항해를 떠나게 되었을 것으로 추정할 뿐이다. 물론 원시적인 카누를 이어 만든 배로 이 엄청난 뱃길을 항해해 오면서 대다수가 바다에 수장되었을 것이다. 운이 따랐던 몇몇이 살아남아 하와이에 발

카누 두 대를 이어 만든 선박. 그 옛날 폴리네시아 인들도 이런 조악한 카누를 이용하여 수천 킬로미터에 이르는 하와이 항해길을 나섰을 것이다.

을 내딛지 않았을까.

그런데 이들이 단지 '우연'만으로 하와이 해안에 배를 댈 수 있었을까? 태평양 섬들 중에서도 가장 육지와 고립된 하와이 제도가 당시 폴리네시아 인들에게 알려져 있었을 리 만무하다. 학자들은 폴리네시아 인들이 그들만의 천문·자연 지식, 즉 별들의 움직임, 조류의 변화, 철새의 이동과 같은 자연으로부터의 신호를 그들의 카누 항해에 이용하였을 것으로 추측하고 있다. 예를 들어 골든플로버(golden plover, 검은가슴물떼새)라고 불리는 작은 철새는 여름철 알래스카로 날아갔다가 짝짓기를 끝내고 다시 하와이로 돌아오는데, 이중 일부가 하와이를 거쳐 다시 4,000km 이상을 더 날아 사모아나 다른 남태평양 섬으로 간다고 한다. 해마다 반복되는 이들의 이동 경로를 오래전 폴리네시아 인들도 알 수 있었을 것이다. 그리고 이들은 새가 날아가는 쪽에 반드시 새로운 땅이 있을 것이라 확신했을 것이다.

하와이가 처음 서구 사회에 알려진 것은 영국의 탐험가 제임스 쿡(James Cook) 일행이 태평양 항해 중 하와이의 두 섬을 발견하게 되면서부터였다. 1778년 1월 20일, 제임스 쿡 선장이 이끄는 영국의 탐험단 일행은 호주, 뉴질랜드, 타히티 일대를 탐사하고 북상하던 도중 우연히 하와이의 북서쪽에 위치한 카우아이와 니이하우 섬을 발견하게 된다. 사실 쿡 선장은 하와이를 최초로 발견한 사람이라기보다는 하와이에 발을 디딘 유럽 인으로 세상에 가장 먼저 알려진 인물이라는 것이 더 정확한 표현이다.

쿡 선장이 하와이를 발견했을 당시, 하와이는 섬마다 각 부족이 세력을 키우며 패권 쟁탈이 진행되던 시기였다. 소규모 부족들은 고대 카스트 제도와 같은 엄격한 신분 제도하에서 각 신분에 따른 부족 내 역할을 수행하게끔 조직되어 있었다. 부족장은 질서 유지를 위해 많은 사회적 제약, 특히 금기 제도를 두고 있었다. 예를 들어 알리이(ali'i), 즉 통치자의 그림자를 범하는 것은 큰 죄악이었다. 남녀유별이라는 동양의 유교적 관념과도 같은 사회적 규범이 이들을 지배하여, 여자가 먹던 그릇에 남자의 음식을 준비하거나 남녀가 같이 밥을 먹는 것도 금기였다. 부족의 평민들은 부족장 가족을 위해 음식이나 생활용품을 바쳐야 하는 등, 고대 하와이 사회는 왕족과 평민, 남자와 여자 간의 수직적 관계가 엄하게 지켜지는 구조였다.

18세기 말 하와이 섬에 세력을 가지고 있던 카메하메하(Kamehameha) 추장이 각 섬에서 할거하던 부족들을 모두 제압하고 하와이를 하나의 왕국

여러 하와이 부족을 통일한 카메하메하 대왕의 동상. 호놀룰루 다운타운의 이올라니 궁전 건너편에 눈에 잘 띄게 세워져 있다.

으로 통일하였다. 우리로 치면 광개토대왕에 비견되는 카메하메하는 명실상부하게 하와이에서 가장 추앙받는 왕으로 일컬어진다. 19세기로 넘어가면서 하와이 왕조는 영국으로부터 건너온 선교사를 통해 기독교를 적극적으로 받아들였으며, 그 결과 얼마 지나지 않아 기독교 국가로 성장할 만큼 교세가 확장되었다. 선교사들은 하와이의 구전 문화를 활자화하는 과정에서 하와이 인들이 그들 방식대로 읽고 쓸 수 있는 언어를 새로 만들고, 이를 교육하기 위해 많은 수의 학교를 세웠다. 실로 사회, 문화, 예술, 교육, 보건상의 많은 근대화가 이들 선교사 집단을 통해 이루어졌다.

19세기 중반 카메하메하 3세에 이르러서는 신헌법을 제정하여 입헌 군주국의 면모를 갖추었고, 왕조의 수도를 마우이에서 지금의 호놀룰루로 옮기면서 사회 기틀을 정비하였다. 그러나 19세기 중반 이전까지 하와이의 주요 수입원이었던 고래잡이가 고래의 숫자가 줄어들고 석유가 등장하면서 쇠퇴하기 시작하였다. 그 무렵 미국 본토에서는 캘리포니아 해안에 인구가 급증하고 있었다. 금광을 찾아 사람들이 서부로 몰려든 골드러시(gold rush)가 진행된 탓이었다. 이때부터 하와이는 미국 서부에 설탕을 공급하는 주요 산지로 기능하기 시작하였다.

사탕수수 농장에는 많은 인력이 필요하였는데, 인부 조달에 어려움을 겪던 백인 농장주들은 1850년대부터 해외 노동자 수입으로 눈을 돌렸다. 중국인 노동자를 필두로 일본인, 한국인을 계약 노동자로 고용하기에 이른다. 이때부터 하와이 왕조는 외세에 시달리는 역사의 가시밭길을 걷게 되었다. 많은 하와이의 토지가 선교사에게 매각되고, 이들 백인 세력이 정치에 관여하면서 하와이 지배층은 사탕수수의 최대 소비국인 미국과의 불평등한 관계를 요구받기에 이르렀다. 왕위가 계속 이어지는 상황에서 하와이 왕실은 왕권의 회복과 문화 부흥을 위해 안간힘을 썼지만, 미국과의 합병을 원했던 백인 세력은 이를 방관하지 않았다. 1893년, 백인 세력은 지속되는 하와이 왕실의 저항을 잠재우기 위해 미 해병대의 무력을 빌려 왕실의 왕권 포기 서약을 받아 내고야 말았다. 백인 권력의 하와이 공화국 시대가 열린 것이다. 친미 백인 세력 치하의 하와이가 미국과 합병되는 것은 시간 문제였다. 결국 군사적 요충지로서의 중요성이 부각되어 1898년 하와이 합방안이 미국 의회를 통과하였고, 이어 1900년에 하와이는 미국 땅이 되었다.

세계 근대사에서 하와이는 태평양 전쟁의 시작점이 되면서 세상에 크게 알려지게 되었다. 1941년 12월 7일 일본군은 오아후 섬의 진주만에 대한 공습을 감행하였다. 군 통계에 의하면 이 공습으로 2,300여 명이 전사했고, 부상자는 1,100여 명에 이르렀다. 피해는 민간인에게도 이어져, 미국의 대공포 파편이 주택가에 떨어지면서 무고한 시민 48명의 목숨도 함께 앗아갔다. 66년 전 부상당한 호놀룰루 시민들의 치료를 위해 자원봉사에 나섰던 청년 다니엘 이노우에(Daniel Inouye)는 이제 하와이 주 상원의원 신분으로 그날을 생생하게 증언하고 있다. "나이 드신 한 아주머니가 주방에서 아침을 드시고 계셨는데, 탄피가 그리로 떨어졌어요. 제가 그 집에 도착했을 때는 아주머니가 음식 위로 엎어져 있었고, 파편 조각이 그분의 머리를 관통하여 결국 사망하셨죠. 그 아주머니는 뭐가 자신의 머리를 쳤는지도 알지 못하셨어요. 대여섯 명의 인근 상가 관리인들도 유탄에 돌아가신 걸로 압니다."

진주만 공습으로 발발한 제2차 세계 대전은 하와이가 세계 휴양의 중심지로 다시 태어나는 계기가 되었고, 당시 침몰한 전함과 희생자들을 추모하기

일본군의 진주만 공격으로 좌초된 미국 전함 애리조나호 위에 건축된 전쟁 기념관. 물 속에 침몰된 전함이 뚜렷이 보인다.

위해 진주만 앞바다에 세워진 미 해군 애리조나 전함 기념관(USS Arizona Memorial)은 해마다 수많은 여행객을 끌어들이는 하와이 최고 명소 중의 하나가 되었다. 1959년에 미국의 50번째 주가 된 하와이는 현재 연간 7백만 명이 넘는 관광객을 유치하고 있으며, 해양 스포츠와 폴리네시아 문화의 중심 역할을 하는 동시에 태평양 연안의 정치·군사적 요충지로서 그 위상을 더욱 높여 가고 있다.

하와이로의 이민과 사진 결혼

하와이의 발견 이후 하와이에 이방인으로 처음 들어온 사람들은 영국인을 비롯한 유럽 인과 탐험, 농장 사업, 선교 등을 목적으로 온 미국인이었다. 하와이 원주민들은 이들을 '하올레(haole)' 라 불렀다. 백인 이방인이란 뜻이다. 이 말은 지금도 하와이에서 널리 쓰이는데, 가끔씩 다소 배타적인 의미로 사용되기도 한다. 러시아, 포르투갈, 에스파냐, 독일, 노르웨이 등지로부터 백인 인부들도 많이 들어왔다. 이러한 이민자들이 하와이 인들과 혼인을 하면서 하와이에는 인종 다양성의 토대가 마련되었다.

그렇지만 백인 농장주들이 받아들인 인부들은 중국을 비롯한 아시아 출신이 대부분이었다. 이들 중 가장 먼저 하와이를 찾은 그룹은 중국인 노동자로 마카오 주변 지역 출신이 다수를 이루었다. 이들 중 많은 수가 하와이 인과 혼인을 하여 현재 하와이에는 하와이안차이니즈(Hawaiian-Chinese) 가족의 비중이 높다. 그 다음으로 하와이를 찾은 노동자들은 일본인이었다. 1890년 인구 자료상 12,610명이던 일본인의 비중은 급속도로 증가하여 1900년대 초반에는 하와이 인구의 40%를 점하였다. 현재도 하와이 주민의 다수가 일본계이며, 사회 전반에 걸쳐 그 영향력이 지대하다. 교육, 종교, 예술, 체육, 정치 어디 할 것 없이 하와이 전 분야를 일본계 인사들이 이끌어 간다고 해도 과언이 아니다. 가뭄과 배고픔에 시달리던 조선인들도 고종 황제의 허가를 받아 인천을 출발하여 일본 고베항을 거쳐 하와이에 발을 디뎠다. 1903년 1월 23일, 역사적인 첫 이민선 갤릭호가 86명의 한인을 태우고 호놀룰루에 입항하였다. 주로 인천 지역 교회 신자로 구성된 이들은 큰 돈벌

❶ 일본식 묘비로 가득찬 공원 묘지. ❷ 일본계 주민이 많고 일본 문화가 뿌리를 내린 만큼 하와이에는 일본 음식을 파는 식당이 흔하다. ❸ 크고 작은 하와이 문화 축제에 빠지지 않는 나라가 일본이다. 한 지역 문화 축제 행사에서 일본 메이오 대학교의 학생들이 음악에 맞춰 공연하고 있다. ❹ 하와이 섬 힐로 시내에 있는 한 일본 사원의 전경. 하와이에서의 일본 문화 전파, 일본인 간의 친목도모 등을 넘어 사회 전체에 대한 영향력 확대를 위해 중요한 역할을 하고 있다. ❺ 선거를 두어 달 앞두고 이름 알리기에 나선 시장 후보들의 피켓물. 기무라, 다카미네 등 일본계 이름이 말해 주듯, 하와이 정치판 깊숙이 일본계 정치인들이 진출하고 있다.

이의 희망을 안고 최초로 한인 이민자 그룹을 형성하였다. 가장 나중에 유입된 아시아계는 필리핀 인이었다. 1907년에서 1930년까지 약 12만 명의 필리핀 노동자들이 하와이로 유입되었다. 하와이의 이민자 사회는 현재도 각 나라마다의 정체성을 가지고 때가 되면 그들의 이민 역사를 기념하는 행사를 곳곳에서 벌인다.

첫 한인 이민자들이 하와이로 건너온 이후 2년 남짓한 기간 동안 한인 노동자들의 이민 행렬이 쉴 새 없이 이어졌다. 1905년까지 무려 65차례에 걸쳐 한인들을 태운 배가 호놀룰루에 도착했는데, 그 수가 7,800명을 넘었다. 호놀룰루 도착과 함께 이들은 오아후와 하와이 섬의 플랜테이션 농장에 흩어져 살았다. 당시 한인 노동자들의 큰 어려움은 결혼 문제였다. 한인 여성

지리적 여건상 고국의 어린 신부들 사진을 하와이로 가져와 중매에 활용하였기 때문에 이들을 사진 신부라 불렀다.

이 거의 없었던 데다 미국인과의 결혼도 법적으로 금지된 상황이었다. 그래서 생겨난 것이 이른바 '사진 결혼' 이다. 중매쟁이가 사진을 서로에게 전달해 주고, 이것을 인연으로 한국에서 아가씨가 하와이로 시집 오는 방식이었다. 1911년과 1924년 사이에 900여 명의 '사진 신부' 들이 하와이로 건너왔다. 이 덕분에 한인 사회도 어느 정도 인구 규모를 유지할 수가 있었다. 결혼 비용을 마련하기 위해 10년 넘게 열심히 일해야 했던 총각들이었기에 신랑들의 나이는 사진 신부들보다 평균 15살 위였다고 한다.

하와이로 건너온 여자들의 생활은 참으로 고단하였다. 특별한 직업이나 일거리란 게 없었기에 낮에는 사탕수수밭에서 일을 하고, 밤에는 삯바느질 등을 해서 자식 교육에 헌신하였다. 하와이 관광청 사이트에 소개되어 있는 최용운(1905년 마우이 이민자) 할머니의 시구절에는 객지 생활의 험난함이 고스란히 묻어 있어 지금도 가슴을 도려내는 듯하다.

최용운

강남에 노든 속에
봄바람 소식 실은 배 만 리나 떨어져 있으니
친척들과 이별하고 조상님의 묘 버린
슬픔을 뉘 알리요.
새 울어 눈물 보지 못하고
꽃 웃어도 소리 듣지 못하니
좋은 것 뉘가 알고
슬픔인들 뉘가 알리.

한국과 하와이 간의 인연은 이승만 정부로 이어진다. 미국 유학 후 하와이에 머물던 이승만은 교포 교육을 위해 한인기독학원을 설립하고 지원하였다. 그리고 1953년 하와이 이민 사회는 뒤떨어진 고국의 공업 발전을 위해 하와이 이민 50주년 기념사업의 일환으로 고국에 대학 설립을 추진하였다. 이에 한인기독학원을 폐교하고 그 건물을 팔아 만든 돈을 하와이와 인연이 깊은 인천에 기증하였다. 이 돈은 하와이와 국내의 성금, 국고 보조금 등과 합쳐져 인천과 하와이의 첫 글자를 딴 인하공과대학을 설립하는 기초가 되었다. 1954년 4월 개교한 인하공과대학은 1971년 종합대학으로 승격하면서 현재 2만 명에 가까운 재학생을 둔 국내 주요 종합대학으로 성장하였다.

지난 2003년은 기념비적인 해였다. 1903년 한인 노동자들이 호놀룰루에

2008년 6월 개관한 한국이민사박물관의 전경. 인천광역시 월미공원 내에 위치하고 있다.

한국이민사박물관 전시실과 전시물들. 왼쪽은 최초의 하와이 이민 선박 갤릭호에 몸을 실었던 사람들과 그들이 가져갔던 물건들. 오른쪽은 사탕 수수밭 생활 모습. 오른쪽 아래는 농장에서 일하던 이민자들이 걸고 다녔 던 번호표.

첫발을 내딛으며 시작된 미국 이민의 역사가 100년을 맞았기 때문이다. 이민 100주년을 기념하는 조형물 제막식에 100주년 기념사업회 회장, 주미대사, 인천시장, 하와이 상원의원, 하와이 주지사 등이 참석하였고, 제막식장에 울려 퍼진 아리랑은 이민 1세대를 비롯한 많은 이민자들로 하여금 그들이 거쳐 왔을 문화적, 언어적, 경제적 고난의 기억을 뜨거운 눈물로 쏟아내게 하였다. 한인회가 처음으로 주최한 기념 퍼레이드는 와이키키 해변을 따라 2시간에 걸쳐 5만여 관중의 박수를 받으며 성대하게 치러졌다. 국내에서도 이와 관련된 사업들이 진행되었다. 특히 미국 이민자들을 처음으로 떠나보낸 인천시는 한인 이민사를 조명하는 한국이민사박물관을 2008년 6월 13일에 개관하였다. 100여 년의 대한민국 이민사를 체계적으로 정리한 이 박물관에는 하와이 이민과 관련된 귀중한 자료가 모아져 있다. 주요 전시물로는 1세대 하와이 이민자들의 애환이 서린 사탕수수밭 생활 모습과 일상 생활용품 등이 있다.

현재 미국은 이민자들의 유입과 더불어 히스패닉 그룹의 높은 출산율 등으로 유색 인종의 비율이 높아지고 있다. 최근 미국 인구통계청이 내놓은 자료에 의하면 3,000개가 넘는 미국 전체 카운티 중 백인 그룹이 반수를 차지하지 못하는 곳이 약 10%에 이른다. 이른바 '선벨트(Sun Belt)'로 불리는 지역, 즉 남동부의 플로리다에서 남부 텍사스를 거쳐 애리조나, 캘리포니아, 그리고 하와이에 이르는 기후가 온화한 지역에 유색 인종이 다수를 점하는 카운티들이 집중되어 있다.

전체적으로 하와이 인구는 최근 6% 정도의 증가율을 보이는 가운데 총 인구가 128만 명에 달하고 있고, 방문객을 합친 실제 인구는 133만을 넘는다. 그리고 잘 알려진 대로 하와이는 일본계 등 동양인의 비율이 가장 높은 곳이다. 2000년 인구조사 때 58.2%였던 아시아계는 2007년 현재 54.9%로 다소 줄어들었지만, 주 전체로 볼 때 여전히 다수 비율을 차지한다. 인구 대부분이 모여 사는 호놀룰루 카운티의 경우, 동양인의 비율은 58.8%인 데 반해 백인 인구의 비율은 25.4%에 지나지 않는다. 개개 섬들을 보면 백인계가 가까스로 반수를 넘는 수준이지만(하와이 56.5%, 마우이 53.2%, 카우아이 51.1%), 하와이 주의 유일한 대도시이자 심장부인 호놀룰루의 백인 비율이 현저히 낮기 때문에 주 전체로 보면 백인계의 비율은 2007년 현재 42.5%를 기록하고 있다. 인구 통계를 보다 보니 여기저기 조사 자료가 약간씩 일치하지 않는 부분이 있었는데, 이는 인종 구분 방식이 다르기 때문이다. 예를 들

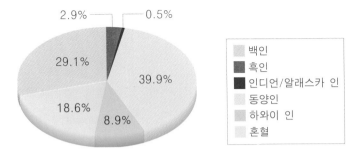

	백인
	흑인
	인디언/알래스카 인
	동양인
	하와이 인
	혼혈

2.9%　0.5%
29.1%　39.9%
18.6%　8.9%

인종별로 살펴본 하와이의 인구 구성. 동양인 인구가 40%에 이르고, 백인 비율은 29.1%에 불과하다. 순수 하와이 인의 비율은 2000년 9.6%에서 8.9%로 감소되었으나 스스로를 2개 인종의 혼혈이라고 답하는 경우가 많아 혼혈을 포함한 전체 하와이계의 비율은 약 21%로 조사되었다.

어 혼혈을 포함한 '백인계' 인구는 42.5%였지만, 자기 스스로를 '순수한' 백인으로 보고한 사람은 전체 인구의 29.1%에 지나지 않았다.

　그러면 하와이에 사는 하와이 인은 얼마나 될까? 서양인들의 유입 이전에 하와이 인구는 약 60~70만 명 정도로 유지되고 있었다고 한다. 하지만 하와이 인의 수는 빠른 속도로 줄어 2007년 현재 약 27만 명, 전체 인구의 21%만이 하와이 인으로 분류되고 있다. 이마저도 다른 인종과 피가 일부 섞인 혼혈을 포함한 숫자이며, 폴리네시아 인을 포함한 순수 하와이 인은 약 11만 명으로 주 전체 인구의 8.9%에 불과하다.

　하와이 인의 인구가 계속 줄고 있는 데에는 하와이를 빠져나가는 하와이 인들의 숫자가 한몫을 하고 있다. 최근 7년 동안(2000~2006) 9,000명에 가까운 순수 하와이 인과 태평양 연안 지역 출신자들이 하와이 주를 떠난 것으로 보고되었다. 하와이로부터의 인구 유출은 여러 가지 이유가 있겠지만, 천정부지로 솟는 주택 가격과 높은 물가가 그 주된 요인으로 파악되고 있다.

하와이 사람들은 지리적 위치상 태평양에 근접한 본토의 주들과 왕래가 잦은데, 최근에는 항공기 직항 노선이 있는 네바다 주 라스베이거스로의 이주가 크게 늘고 있다. 인구통계청이 조사한 바에 따르면, 2005년부터 2006년 사이 순수 하와이 인 또는 태평양 연안 지역 출신자의 유입이 가장 많았던 곳은 라스베이거스가 속해 있는 클라크 카운티(Clark County)이며, 라스베이거스에 거주하는 하와이 인들은 약 17,000명으로 추산되었다. 하와이에서는 유난히 하와이 사람들이 많은 이곳 라스베이거스를 '하와이의 아홉 번째 섬'이라 부르기까지 한다.

특이한 하와이 말

하와이 말은 하와이에서만 쓰는 언어인데 그 명맥을 유지하기가 점점 어려워지고 있다. 서양의 탐험가들이 하와이를 발견할 때까지 하와이에는 그저 구전 문화만이 존재하였다. 즉 말이 존재했을 따름이지 문자가 없었다. 선교사들이 하와이에 오면서 새로 문자가 만들어졌고, 주로 하와이 인들끼리 서로를 가르침으로써 문자 교육이 이루어졌다. 이러한 문자 교육의 속도는 무척이나 빨라서, 한때는 세계에서 문맹률이 가장 낮은 사회였다. 이후 선교사 자녀나 부족장 자녀들을 위한 영어 중심의 학교가 세워지기 시작했지만, 그때까지도 하와이 말이 주종을 이루고 있었다. 그러나 일부 계층의 영어 사용은 나중에 하와이 말을 내모는 결과를 낳고 말았다.

하와이 말을 연구하는 학자들에 따르면, 경제적인 요인이 하와이 말의 쇠

KA HUI O

Henry Waterhouse

E lawelawe ana i ka hana Insua Ahi, Ola, Ulia ame ke ku Bona ana.

E lawelawe pu ana no hoi i ke kuai ame ka hoolilo aina ana.

Pela pu no ma ke ano kahu malama waiwai a i ole hope malama waiwai.

R. W. SHINGLE, Puuku o keia Hui. He Puuku no ke Kulanakauhale ame Kalana o Honolulu, He Hawaii oiaio

하와이 대학교에서는 과거 하와이 인들이 애독했던 하와이 어 신문 기록들을 디지털화하여 인터넷 상에서 볼 수 있도록 하는 프로젝트를 시행하였다. 인터넷으로 찾아본 Hawaii Holomua라는 하와이 어 신문의 일부.

퇴와 깊은 관련이 있다고 한다. 영어를 쓰는 사람들이 그렇지 않은 사람들에 비해 소득 수준이 높았고, 이에 따라 부모들은 하와이 왕조에 영어를 가르치도록 요구했다는 것이다. 19세기 중반 이후, 영어는 서서히 하와이 말을 대체해 나가기 시작했고, 한때 자부심을 가지고 쓰던 하와이 말은 낮은 계층이 쓰는 말로 전락하고 말았다. 그리고 마침내 1896년 하와이 공화국은 법령을 공포하여 교실에서 영어를 쓰지 않는 모든 공·사립학교들을 정식 학교로 인정받지 못하게 하였다. 하와이 말로 만들어진 신문도 1948년에 폐간되었고, 1986년까지만 해도 일반 학교에서는 하와이 말의 사용이 금지되었다. 한 문화를 대표하는 상징인 언어를 홀대함으로써 사람들은 하와이 인이라 불리는 것을 부끄러워하게 되었고 부정적으로 인식하는 경향이 생겨났다.

안타깝게도 이러한 사회·문화적 시각은 아직도 어느 정도 존속되고 있다고 생각된다. 그래도 많은 하와이 인들은 자식들을 하와이안 스쿨에 보내 하와이 말을 잊지 않고 쓰게끔 유도하며, 하와이 인으로서의 자부심을 심어 주려 노력하고 있다.

초기 선교사들은 하와이 글을 만들면서 말소리가 쉽게 문자로 표현되도록 음성에 따른 표기 방식을 고안해 냈다. 그래서 하와이 문자는 이 방법에 따라 특이한 체계를 갖추게 되었다. 흔히 하와이 말은 바람에 나뭇가지가 흔들리듯 파도 위로 서핑을 하듯 멜로딕하게 흐른다고들 표현한다. 물론 자신의 모국어가 무엇인지에 따라 느낌이 다르고 이해의 정도도 다를 것이다. 우선, 하와이 알파벳은 다섯 개의 모음(A, E, I, O, U)과 일곱 개의 자음(H, K, L, M, N, P, W)으로 구성되어 있다. 자음은 여느 영어 발음과 차이가 없으나, 마지막 W는 영문 V와 유사하게 발음된다. 모음의 경우는 다소 다른데, 어찌 보면 우리말의 주요 모음 '아, 에, 이, 오, 우'와 비슷하다. 본토에서 여행 온 미국인들은 미국식 영어의 모음 체계와 발음이 달라 자주 곤란을 느낀다. 외형적으로 볼 때 쉽게 눈에 띄는 것은 오키나(okina)라고 하는 모음을 분리하는 말쉼표(ʻ)와 카하코(kahako)라고 불리는 모음 위에 붙는 짧은 선(ˉ)이다. 오키나는 발음을 강조할 때, 카하코는 발음을 길게 할 때 쓰인다. nēnē(주를 상징하는 오리), ʻaʻā(거친 용암면) 등이 예이다. 또 다른 특징은 이중모음화 또는 복모음화인데, 두 개의 모음을 연달아 표기하여 복모음으로 발음한다. 일반적으로 영어에 많이 보이는 모음의 묵음 현상은 드물다. 특히 두 번째 모음은 항상 발음된다.

몇 가지 하와이 말을 배워 보자. 쉬운 예로 '훌라'가 있다. 어떻게 표기할까? 간단하게 'hula'로 적는다. 그러면 집을 뜻하는 'hale'는 어떻게 발음할까? 고민 없이 '할레'로 읽으면 된다. 바다를 뜻하는 'kai'는 복모음으로 '카이'로 쉽게 발음된다. 어린이를 뜻하는 'keiki'는 복모음과 단모음을 적용하여 '케이키'로 읽는다. 이렇게 비교적 짧은 단어들은 크게 어려움이 없지만, 단어가 길어지게 되면 그리 만만치가 않다. 처음 하와이에 이사 와서 느낀, 그리고 지금도 느끼는 불편은 거리 이름과 지명들이다. 매일 지나는 거리 이름이 Kekuanaoa Street(케쿠아나오아 스트리트)이다. 그대로 보고 읽어도 쉽지 않다. 누가 길을 물으면 정확하게 알려 주기 힘들 때가 아직도 종종 있다. Puainako, Kawailani, Wainanuenue, Kinoole, Kilauea, Kalanianaole, Ululani, Lanikaula 등이 내가 근무하는 대학 부근의 간선도로 이름들이다. 자음과 모음의 숫자가 한정되어 있다 보니 표현의 한계가 있고, 이를 해결하기 위해 음절이나 단어를 반복하여 쓰는 경우가 아주 많다. Onekahakaha(오네카하카하)라는 해변 공원이 있는데, 모래 해변이란 뜻으로 뒷부분에 '카하'를 두 번 반복한다. 같은 음절이 반복되고 철자가 길어지면 무슨 뜻인지 알기도 어렵거니와 처음 대하는 사람이 이를 기억하기란 아주 힘들다.

마찬가지로 대학에서 학생들을 가르치면서 어려운 점이 하와이 인 학생들의 이름을 부르는 것이다. Kaaumoana(카아우모아나)와 같은 비교적 간단한 이름은 괜찮지만, 더 길고 음절이 반복되면 한참을 들여다봐도 어떻게 불러야 할지 난감할 때가 있다. 어디를 가도 마찬가지겠지만 상대방의 이름을 잘못 부르는 것은 큰 실례가 아닐 수 없다. 그래도 많은 하와이 인들은 이런 입장을 잘 이해하며, 다소 틀리더라도 그들의 하와이식 이름을 불러 주는 것

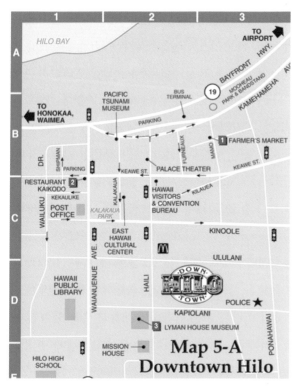

힐로 다운타운 지도에 있는 거리 이름들을 보면 언뜻 읽기가 쉽지 않은 것들이 많다.

을 좋아한다. 그들은 공식적인 이름 외에 생활에서 부르는 이름을 달리 가지
기도 한다. 하와이에서는 여러 그룹의 이민자들이 세대가 지나면서 서로 다
른 나라의 이름을 혼용하는 경우가 많고, 이름의 길이도 전반적으로 짧아지
고 있다. 우리나라와 마찬가지로 하와이에서도 이름에 부여하는 의미가 크
다. 그래서 조상으로부터 물려받은 정신을 이름의 일부로 사용하기도 하며,
가문의 융성 또는 새로 태어난 아기의 건강과 미래의 축복을 위해 특별히 마

련된 이름을 쓰기도 한다. 미국의 동네 일간 신문에는 출생신고를 마친 신생아의 이름이 소개되는데, 최근 태어난 한 여아는 이름이 Kuʻumakaonalani Candy-Lei Lewis로 지어졌다. 앞에 적은 것이 이름이고 나중 것이 성일 텐데, 이 아기의 이름을 쉽게 부를 수 있겠는지.

하와이 말과 관련해 한 가지 더 소개할 것은 하와이의 사투리 영어이다. 처음 하와이에 와서 은행에 구좌를 열고 집을 알아보고 하다 보면 금방 느끼는 것이지만, 하와이에서 쓰는 영어는 미국 본토에서 쓰는 표준 영어와는 억양과 발음이 사뭇 다르다. 본토 출신이거나 표준 영어로 고등교육을 장기간 받은 사람의 경우에는 큰 차이를 못 느끼지만, 그렇지 않은 하와이 토박이들에게서는 사투리가 심하게 나타난다. 정확하게 표현하기 힘들지만 대략 일본 말씨, 경상도 말씨, 중국 말씨 그리고 영어를 섞어 놓은 듯하다고나 할까. 억양의 높낮이가 급변하고 음절의 진행이 덜 부드러운 편이다. 특히 극심한 방언으로 '피진(pidgin)'이라는 것이 있는데 우리나라, 중국, 동남아시아 등지에서 온 이민자 그룹 사이에서 발달한 방언 형태이다. 하와이에서 수년을 산 사람도 잘 이해하지 못하는 피진만의 방식이 있기 때문에 훈련되지 않은 사람에게는 전혀 다른 언어로 들린다. Ass right. 영어로 'That's right'의 의미다. No can은? 'cannot' 또는 'I cannot do it'이라는 뜻이다. 좀 더 심한 것도 있다. Ainokea(아이노케아). 길을 가다 보면 티셔츠나 차 범퍼 또는 트럭 뒷유리창 스티커에서 자주 볼 수 있는데 'I don't care'의 뜻이다. 하와이에서 Ainokea는 마우이에 본사를 둔 의류 브랜드로도 잘 알려져 있다.

또한 하와이에서는 문장의 끝에 '야(Yah)?'를 덧붙이는 경우가 흔하다. 부가의문문처럼 '그렇지?', '그렇지 않니?'쯤의 의미로 쓰인다. 만일,

평화롭고 자유로운 낭만적 삶의 표어 같은 말이다. Ainokea. 아무래도 난 괜찮다는 'I don't care' 의 하와이 사투리이다.

'This is very expensive, yah?' 하면, '이건 참 비싸네, 그렇죠?' 정도의 뜻이다. 하와이에 온 지 몇 년이 되었지만 아직 이런 표현이 어색하게 느껴지는 것이 솔직한 심정이다.

하와이를 돌아다니면서 흔히 보고 들을 수 있는 단어를 몇 개쯤 알고 있으면 여행에 도움이 될 것 같아 적어 본다.

aloha(알로하) 안녕하세요. 안녕히 가세요.
'a'ā(아아) 표면이 거칠게 굳어진 용암
a hui hou(아 후이 호우) 안녕히 가세요. 또 만나요.
ahi(아히) 참치류의 생선
hale(할레) 집

haole(하올레) 하와이에서 백인을 지칭하는 말

ho'ike(호이케) 발표회

honu(호누) 거북

imu(이무) 땅을 파서 만든 화덕. 돼지 등을 묻어 익힌다.

kai(카이) 바다

Kamehameha(카메하메하) 18세기 말 하와이 왕조를 통일한 왕

kane(카네) 남자

keiki(케이키) 어린이

kama'aina(카마아이나) 하와이 거주자

kokua(코쿠아) 도움

lei(레이) 꽃목걸이

mahalo(마할로) 감사합니다.

makai(마카이) 바다 방향

mauka(마우카) 산 방향

mauna(마우나) 산. Mauna Loa와 Mauna Kea가 대표적 산이다.

moana(모아나) 바다

nēnē(네네) 하와이기러기. 오리과에 속하며 하와이를 상징하는 새이다.

'ohana(오하나) 가족, 친척, 함께 어울림, 대동의 의미

pāhoehoe(파호에호에) 표면이 매끄럽게 굳어진 용암

pali(팔리) 절벽

pau(파우) 마감, 끝

poi(포이) 식물의 뿌리를 쪄서 빻아 죽처럼 부드럽게 만든 하와이 인의 전통 음식

poke(포케) 날생선을 정방형의 한 입 크기로 잘라 갖은 양념으로 무쳐 놓은 음식

pua(푸아) 꽃

pupu(푸푸) 애피타이저

훌라의 천국

'제주의 여인' 하면 해녀가 떠오른다. 그럼 '하와이의 여인' 하면 무엇이 떠오를까? 하와이 여행을 해 본 사람이건 못 해 본 사람이건 십중팔구 '훌라' 또는 '훌라 댄스'를 떠올릴 것이다. 나뭇잎 등으로 만든 스커트며 꽃으로 치장한 머리, 리드미컬하게 엉덩이를 위아래로 흔들면서 손과 팔로는 누군가를 부르는 듯한 그 춤. 바로 훌라 댄스이다. 훌라 댄서들의 복장은 남녀가 비슷하다. 중요한 것은 허리에 두르는 치마인데, 파우(pāʻū)라고 부르며 주로 나뭇잎이나 나무껍질을 부드럽게 빻은 섬유질로 제작한다. 머리는 꽃을 이어 왕관 형태로 치장하며, 목과 어깨 부분에는 꽃목걸이 레이(lei)를 건다. 손목, 발목에도 나뭇잎이나 꽃으로 팔찌, 발찌를 만들어 전체적인 모습을 아주 화려하게 꾸민다.

하와이는 명실상부한 훌라의 중심지이자 훌라의 천국이다. 내가 사는 아파트 바로 길 건너에 다목적 체육관이 하나 있는데, 지구상의 훌라 대가들이 매년 한 번씩 이곳에 모여 일주일에 걸쳐 경연을 벌인다. 19세기 하와이 문화와 훌라의 부흥에 힘썼던 칼라카우아(Kalakaua) 왕의 애칭을 딴 메리 모나크 페스티벌(Merrie Monarch Festival)은 매년 4월경에 하와이 섬 힐로에서 열리며 훌라 올림픽이라고 할 수 있다. 남성, 여성, 전통 의상, 현대 의상 부문 등으로 나뉘어져 경쟁하는데, 하와이뿐만 아니라 미국 본토와 일본에서도 매년 참가하여 그 실력을 겨룬다. 특히 미혼 여자 싱글 부문이 주목을 받는데, 이 부문 우승자를 'Miss Aloha Hula'라고 부른다. 이 축제는 2009년 제46회를 맞았다. 축제 기간 중에 하루는 일반인에게 무료로 시범 공연

매년 봄에 열리는 훌라 경연 대회 메리 모나크 페스티벌. 좌측은 페스티벌에 참가한 여성 단원들의 공연 모습이고, 우측은 남성 훌라 댄서의 모습이다. 남성의 힘차고 강인하며 민첩한 동작과 여성의 우아한 분위기가 대조를 이룬다.

학년 말 학예 발표회에서 학기 중에 연습한 훌라 댄스를 선보이는 초등학교 학생들.

을 펼치므로 이 무렵 하와이를 찾게 되면 미리 구체적인 일정을 알아보고 한 번쯤 찾기를 권한다. 훌라 문화에 익숙한 사회적 분위기로 인해 초등학교 고학년이 되면 훌라 댄스를 부분적으로 배우는데, 호이케(hoike)라고 하는 학년 말 학예 발표회를 통해 연습한 훌라 댄스를 선보이는 기회를 갖는다.

상업화한 훌라는 하와이를 찾은 손님, 여행객에게 여흥을 제공하는 중요한 아이템이지만, 기실 훌라의 전통과 역사는 하와이 인들에게 아주 특별한 의미를 갖는다. 훌라는 자연의 아름다움을 표현하고, 조상과 그들의 신화에 대한 경외를 표하며, 일상적인 민속을 재현함과 동시에 잊혀져 가는 하와이 언어를 전승하는 방식이라고 할 수 있다. 예로부터 하와이 인들은 그들의 조상과 신에 대한 숭배 의식이 강했는데, 그 전통은 지금도 마찬가지이다. 이런 하와이 인들의 주술 문화는 일상의 거의 모든 감성과 감각을 훌라를 통해 표현하도록 만들었다. 훌라에 대한 작은 호기심으로 아내도 일주일에 한 번씩 훌라 강의를 들으러 다닌다. 훌라는 어떤 것일까 궁금해 아내에게 물었다. 아내가 내민 강의 노트에 적힌 훌라 전문가의 이야기를 적어 본다.

"훌라란 우리가 듣고, 만지고, 맛보고, 냄새 맡고, 느끼는 모든 것들을 예술로 표현하는, 세대를 통해 구전되어 내려온 하와이의 춤이다."

하와이의 존재가 서구에 알려지기 전까지 문자가 없었던 하와이에서 훌라는 인간의 모든 희로애락을 표현했던 교육 방식이었던 것이다. 계층 구분이 명확했던 옛 하와이 사회에서 훌라 댄서는 특별한 지위를 가지고 있었다고 한다. 이들은 각 섬마다 세워진 할라우(halau)라고 불리는 훌라 학교에서 왕족을 대상으로 하는 공연을 위해 전문적 훈련을 받았다. 이러한 훈련 기관이 섬마다 존재했기 때문에 각 섬마다 춤 동작을 구현하고 의미를 부여하는 방식이 약간씩 차이는 있었지만 크게 다르지는 않았다. 훌라 댄서들은 크게 두 부류로 나뉘었다. 어리고 활동성이 큰 그룹은 주로 서서 공연을 했고, 움직임은 다소 느리나 훌라 경험과 나이가 많은 그룹은 악기를 동원하여 앉은 채로 또는 무릎을 땅에 댄 채로 춤을 추었다.

훌라는 보는 사람에 따라 점잖치 못한 춤으로 받아들여질 수도 있다. 실제로 훌라는 선교사들에 의해 기독교화가 진행되면서 음란하고 천박한 춤으로 간주되었다. 급기야 지도층이 훌라 댄스를 금지시켰지만 사람들은 훌라 댄스를 멈추지 않았다. 포경업자와 무역상들이 하와이 항구로 몰려들면서는 유흥을 위한 훌라 댄서가 고용되었다. 훌라를 제대로 이해하지 못한 이들 외부 상인들은 훌라를 남자를 유혹하는 춤으로 인식했다. 돈을 더 벌기 위해서 이들 댄서들은 춤 동작을 크게 과장했을 것으로 추측된다.

훌라는 어떻게 감상해야 하는가? 빠른 템포에 맞춰 움직이는 댄서들의 요란한 몸짓일까, 아니면 장단에 따라 내뱉는 그들의 이야기일까? 훌라의 감상은 우선 댄서의 손동작을 주의 깊게 바라보는 것으로 시작된다. 그들의 손동작이 바로 그들의 이야기이기 때문이다. 유연한 허리와 함께 튕기듯 움직이는 엉덩이 동작은 리듬을 맞추기 위함일 뿐이다. 훌라 댄서의 팔 동작은 몸짓과 함께 쉴 새 없이 움직이며, 몸 전체 또한 미끄러지듯 흔들고 회전하며 그들의 메시지를 표현한다. 이러한 행위예술은 쿠무(kumu)라고 불리는 훌라 지도자가 강조하는 가장 중요한 요소이다. 판토마임에서 손과 팔의 동작으로 인간의 희로애락이 절묘하게 표현되듯, 훌라를 통해 하와이 인들의 생활과 의식이 절절하게 표출된다고 할 수 있다. 애시당초 훌라는 흥에 겨워 추는 그런 개인적인 춤이 아니라 특별한 교육과 훈련으로 단련된 정해진 사

홀라 댄스를 지도하는 선생님을 '쿠무(kumu)'라고 한다. 2005년 하와이 섬 힐로에서 열린 메리 모나크 페스티벌 중 현역에서 은퇴한 원로 쿠무가 특별 공연을 펼치는 모습이다. 존경심을 표하는 관중으로부터 우레와 같은 박수 갈채를 받았다.

람들에 의해 표현되는 신앙적 산물이었다.

하와이가 서구 사회에 알려지면서 훌라도 변화를 겪어 왔는데, 오늘날 훌라는 더 이상 종교적 표현 방식으로 받아들여지지 않는다. 단지 고대 하와이인들이 가졌던 예술의 명맥을 간신히 이어 가고 있다고나 할까. 훌라 댄서는 손과 팔의 움직임, 발과 다리의 움직임, 표정을 통한 의사 표현, 그리고 그(녀)만의 마음과 호흡을 모두 조화시켜 춤을 완성시키기 때문에 기계적인 동작의 반복과는 구별되어야 한다. 여타 민속춤이나 사교댄스처럼 훌라의 동작을 배울 수는 있겠으나 정교함과 조화의 극치를 추구하는 훌라의 관점에서 볼 때는 아무리 그럴 듯해도 단순한 동작의 구현만으로 훌라의 진정한 의미를 보는 이에게 전달하기 힘들다. 한국인의 정서를 이해하지 못한 채 따라 배운 서양인의 창(唱)이 본질적인 감동을 불러오기 힘든 것과 비슷한 이치일

볼캐노 공원에서 펼쳐진 훌라 공연.

것이다. 이제는 관광객들의 이해를 돕기 위해 훌라 댄스와 함께 그들의 이야기(챈트)를 전할 때에도 하와이 말과 영어를 혼용하여 통역하는 광경을 드물지 않게 보게 되었다. 이 또한 외국 관광객들을 위해 우리의 창을 영어와 반반씩 섞어 하는 셈이 아닐까.

포이, 포케, 푸푸

　잘 알려진 대로 하와이는 일본인 후손들이 많이 살고 있고, 그들의 영향력은 미국 그 어느 곳보다 크다. 당연한 결과로, 하와이 문화에는 일본식 문화가 많이 스며 있다. 음식 문화도 그중 하나이다. 많은 식당에서 벤토(bento),

투명한 플라스틱 용기에 담긴 도시락. 쇠고기, 닭고기, 햄, 달걀부침, 소시지, 단무지, 튀김, 채소 등 다채로운 메뉴로 다양화되어 있다. 일반 편의점, 식당, 작은 매점 등에서 흔하게 볼 수 있다.

즉 도시락을 팔고 있다. 웬만한 식당에서 오차, 다쿠앙, 모치, 사시미, 노리 등의 일본 말이 통한다. 물론 영어를 쓰면서 말이다. 오차는 보리차, 다쿠앙 은 단무지, 모치는 찹쌀떡, 사시미는 생선회, 노리는 김을 가리킨다. 우리나 라에서도 흔히 쓰이던 말들이다. 우리나라와 마찬가지로 일본의 밥상에도 밥이 중요하기 때문에 대다수 식당에는 따뜻한 밥이 준비되어 있다. 도시락 에도 촉촉한 밥이 절반 이상 깔려 있다. 생선초밥(스시)이나 캘리포니아롤은 식료품 가게나 편의점에 들르면 쉽게 구할 수 있다.

지금은 한국 음식도 하와이 음식 문화의 일부가 되어 가고 있다. 하와이에 서 처음 대한 도시락을 열자 반찬의 일부로 김치가 나왔을 때는 정말 놀랐 다. 하와이에 이사 온 지 얼마 되지 않은 상황이었고, 그때까지만 해도 미국

하와이에는 한국 음식 문화도 깊이 자리 잡고 있다. ❶ 한 동양 식당의 메뉴. 한국식 매콤한 닭 요리와 고기나 생선으로 만든 전 요리도 흔하다. ❷ 도시락으로 음식을 싸 주는 식당에 전시된 음식 사진들. 비빔밥, 갈비, 전, 만두 등 한국 음식이 상당히 인기 있는 편이다. ❸ 한 식료품 가게에서 병에 담겨 줄지어 진열된 한국 김치들.

본토의 문화에 익숙했던 터라 참 반갑기도 하고 의아하기도 했다. 김치뿐만 아니라 갈비, 생선전, 고기전(하와이에서는 영어와 우리말을 섞어 '고기를 넣은 전'이란 뜻으로 'meat-jun'이라 부른다), 잡채 등 비교적 기름지고 미국인의 입맛에 맞을 듯한 음식도 인기가 있는 편이다. 하와이에서는 대표적 여행지인 호놀룰루를 제외하면 그럴듯한 한식당을 찾기가 매우 어렵다. 대부분의 한국 음식은 자그마한 간이식당에서 구할 수 있는데, 식당 안에서 잠시 앉아 먹거나 포장해 나와 먹는 형태이다. 갈비, 잡채, 김치, 고기전, 생선전, 두부, 만두국, 육개장 등 한국인에게 친숙한 음식이 자주 마련된다.

하와이에 오면 뭐니 뭐니 해도 하와이 인들의 전통 음식이 궁금하게 마련이다. 어딜 가나 지역 고유의 음식은 그곳의 풍토와 맞물려 발전한 덕에 특

포이 만들기. 타로라고 하는 식물 뿌리를 삶아서 점액 상태가 될 때까지 갈아 만든다.

별한 문화적 색깔을 띤다. 하와이에서는 포이(poi)가 대표적이다. 포이는 하와이 인들이 식물 뿌리를 이용해 만들어 먹는 끈적이는 죽 형태의 음식이다. 넓은 잎을 가진 식물의 뿌리인 타로를 찐 다음 장시간 으깨고 빻아 하얀 빛깔의 탄수화물을 죽 형태로 만든 것인데, 동네 잔치나 중요한 행사에 꼭 만들어 내놓는다. 별다른 양념이나 향료가 들어가는 것이 아니기 때문에, 부드러우면서도 밍밍한 맛이 특징이다. 혀에 닿는 느낌으로는 우리의 팥죽이나 호박죽 같지만 심심하다.

하와이로 이사한 지 얼마 되지 않았을 때, 포케(poke)라 불리는 음식이 특히 눈길을 끌었다. 주로 '아히(ahi)'로 불리는 참치류 생선을 익히지 않고 깍두기 썰듯 네모지게 썰고 간장, 소금, 설탕, 참기름, 다진 양파를 넣어 버무

참치류의 아히(오른쪽)를 숭덩숭덩 썰어 갖은 양념을 하면 포케가 된다. 우리말로 치면 참치회무침 정도가 될 것 같다. 아히는 대부분의 식료품점 생선 코너에 가면 구할 수 있는 흔한 생선이다.

린 음식이다. 생선 대신 오징어나 문어를 썰어 만들기도 한다. 종류에 따라 김이나 해초를 넣어 향긋하게 맛을 낸 것도 있고, 마늘을 써서 양념을 더한 것도 있으며, 마요네즈를 써서 기름지게 만든 것도 있다. 원하는 양만큼 무게를 달아 판매하기 때문에 미리 진열된 여러 종류의 포케를 한 조각씩 맛보고 가장 입에 맞는 것을 고르면 된다. 생선회를 좋아하는 대부분의 한국 사람들의 입맛에 어느 정도 부합하는 하와이 음식인 것 같다. 물론, 양념이 안된 참치 횟감도 어디서든지 구할 수 있다. 부드러운 부분을 회로 썰어먹기 좋게 여러 단위의 무게로 신선하게 포장해 놓은 참치는 상대적으로 가격이 비싸긴 하지만, 가끔 소주 한잔 기울이면서 상추에 싸먹는 맛이 참 좋다. 우리나라 참치횟집에서 냉동 참치를 썰어 김에 말아먹는 것과는 다소 다른 맛과 느낌이다. 하와이에서는 얼린 것보다는 갓 잡은 신선한 참치가 더 흔하지만, 한 번 얼렸다 해동한 것을 팔기도 한다. 당연히 얼렸던 참치가 싸지만 (얼리지 않은) 신선한 참치를 권한다. 혀가 느끼는 생선회의 맛과 촉감에 너무나 현격한 차이가 있다.

푸푸(pupu)라 불리는 음식도 하와이에 와서 처음 접한 생소한 음식이었다. 여러 가지 음식이 식탁에 놓인 가운데 사람들이 '푸푸'를 권했을 때 개념적으로 금방 와 닿지가 않았다. 주요리가 아닌 가볍게 먹는 일종의 애피타이저로 이해하면 된다. 초밥, 김밥, 샐러드, 파스타류, 새우 요리, 여러 가지 칩(chips) 등이 자주 보는 푸푸의 예이다. 나들이를 가거나 여러 집에서 각자 음식을 조금씩 준비해 오는 미국식 파티인 '포트럭(potluck)'을 열 때 사람들은 대부분 푸푸를 준비해 온다. 또 로코모코(loco moco)라는 다소 재미난 이름을 가진 음식도 있다. 따뜻한 밥 위에 햄버거용 고기, 알을 깨지 않은 달걀 후라이, 그리고 갈색 육즙을 얹어 내놓는 이 지역 음식이다. 느끼한 것을 싫어하는 사람에게는 그다지 매력이 없을 듯하다.

하와이를 며칠 돌아다니다 보면 무수비 혹은 스팸 무수비(spam musubi)라는 스낵류의 음식을 자주 보게 된다. 사각이나 타원의 주먹밥 위에 스팸을 썰어 올리고 김으로 말아 놓은 특이한 간식이다. 일본에서는 오니기리라고도 불리는 음식인데, 스팸 대신 절인 매실이나 연어와 같은 소금기 있는 내용물을 넣는다. 하와이에서는 스팸을 넣은 무수비가 거의 대부분이며, 맛은 보이는 그대로라고 할까. 스팸만 넣은 김밥 맛 정도인데 어른 아이 할 것 없이 누구나 즐긴다. 스팸 자체는 기름지고 짜지만 무수비로 먹으면 출출할 때 끼니 대용도 된다. 일본식 간편 음식 문화가 매우 성공적으로 이식된 전형이

일본에서 인기 있는 간식 오니기리가 하와이에 들어와 스팸 무수비로 대중화되었다. 한 야외 매점에서 팔고 있는 다양한 무수비. 스팸은 물론 소시지, 새우를 넣은 무수비도 있다.

라고 볼 수 있다. 쉽게 만들 수 있고 먹기도 편하기 때문에 야외 행사나 작은 매점, 편의점에서 늘상 대할 수 있다. 대중적 인기를 누리는 무수비 덕에 하와이 주는 미국에서 스팸을 가장 많이 소비하는 주의 하나가 되었다.

하와이를 다녀가는 여행객들이 민속촌 등을 통해 한 번쯤 경험하게 되는 연회를 루아우(luau)라고 한다. 하와이 음악과 훌라를 곁들이며 각종 이벤트와 어우러져 여러 가지 루아우가 생겨났다. 결혼식, 졸업식, 생일 등의 특별

하와이에서는 고기든 밥이든 음식을 널찍한 나뭇잎에 싸서 포장하는 것이 일상적이다.

한 날에 행해지는 하와이 고유의 연회로 보면 된다. 하와이식 파티이기 때문에 하와이 고유의 음식이 빠지지 않는다. 포이와 포케 외에도 연어, 돼지고기, 달팽이 요리 등이 주로 상에 오른다. 그런데 하와이에서는 돼지고기 요리와 관련해 특별한 조리 방법이 있다. 땅에 구덩이를 파고 오랫동안 달군 돌덩이를 그 속에 넣은 다음, 준비된 돼지를 통째로 올린다. 그리고 널따란 잎으로 고기를 잘 감싼 연후에 흙을 덮고 지열을 이용해 익힌다. 이 같은 구덩이형 화덕을 이무(imu)라 한다. 단순히 돼지고기를 통째로 푹 익힌 것이기 때문에 돼지고기 맛 외에 특별한 것을 기대하기는 힘들다.

이민 역사를 통해 하와이에는 포르투갈계 사람이 제법 많다. 자연히 포르투갈의 먹거리가 하와이에 소개되었는데, 그 대표적인 것이 포르투갈 도넛

달고 고소한 맛의 말라사다스를 구워 파는 도로변의 한 식당. 갓 만들어 낸 말라사다스는 촉감과 맛이 그만이다. 이곳에서는 먹음직스런 도넛을 튀겨 내는 과정을 유리벽 너머로 볼 수 있다.

이다. 말라사다스(malasadas)라고 불리는 이 도넛은 하와이 전역에 걸쳐 아주 인기가 많다. 텍스(Tex)라고 하는 식당에 가면 밀가루를 반죽하고 그것을 튀겨 내는 과정을 유리벽을 통해 상세히 보여 준다. 우리나라 시장 골목에서도 비슷한 장면을 볼 수 있다. 반죽을 두툼하게 해서 손바닥만 하게 정방형으로 잘라 기름에 튀겨 낸다. 말라사다스는 겉에 하얀 설탕을 고루 묻히는 것으로 조리를 마친다. 속에 아무것이 없어도 맛이 고소하지만 몇 가지 잼을 넣은 종류도 있다. 갓 구워 낸 것이 특히 맛있는데, 직접 구워 내는 말라사다스 가게가 보이면 잠시 들러 맛볼 것을 권한다.

　일본에서 들어와 하와이에 소개된 도넛도 있다. 마치 탁구공 모양처럼 기름에 튀겨 낸 오키나와식 안다기(Okinawan andagi)가 그것이다. 겉은 다소 딱딱하지만 이것이 오히려 바삭한 도넛의 특징이 된다. 속에는 아무것도 들어 있지 않지만 반죽 자체가 달고 고소하기 때문에 아이들 간식으로 손색이 없다. 일본의 모치, 즉 찹쌀떡을 하와이 포이에 묻혀 튀겨 낸 특이한 간식거

오키나와식 도넛 안다기. 황금빛으로 잘 튀겨진 도우넛의 겉 표면이 아주 바삭거릴 것처럼 잘 갈라져 있다. 함께 보이는 간식거리는 무수비와 모치(찹쌀떡)인데, 모두 하와이에서 대중적 인기를 얻고 있는 일본식 음식들이다.

찹쌀떡 튀김의 일종인 포이볼. 꼬치에 서너 개를 꽂아 빼먹기 쉽게 팔기도 한다. 한 문화 축제날에 장사를 나선 포이볼 상인이 포즈를 취해 주었다.

리도 있는데, 이를 '포이볼(poi balls)' 이라 부른다. 우리나라 시장 골목에서 파는 찹쌀떡 튀김과 맛과 모양이 비슷하다.

하와이의 날개

날씨가 맑은 날에는 이웃 섬이 바로 옆에 있는 듯 가까이 눈에 들어온다. 가끔 하와이, 마우이, 오아후, 몰로카이, 카우아이 등 주요 섬들이 서로 긴 다리로 이어져 있으면 좋겠다는 생각을 한다. 긴 다리 위로 시원하게 드라이브하며 바다 멀찍이 자리한 섬들을 쳐다보는 것도 꽤나 운치 있을 것 같고, 무엇보다 섬을 오갈 때 비행기를 이용해야 하는 수고로움을 덜 수 있을 것이다. 그러나 이들 섬은 처음 만들어진 이후 지각 위를 천천히 미끄러지듯 이동해 왔으며, 지금도 움직이고 있고, 나이를 먹어 가며 조금씩 바다 밑으로 가라앉고 있기 때문에 설령 섬들 간 거리가 가깝다 한들 이런 생각은 한낱 부질없는 꿈에 불과할 뿐이다. 특별히 자동차나 짐을 많이 가져가야 하는 경우가 아니라면 대부분 섬을 오갈 때는 항공편을 이용한다(참고로 오아후-마우이 간 페리호 운임은 2008년 4월 현재 1인당 39달러이고, 자동차 1대당 55달러이다). 항공편 이용 시 겪는 일반적인 번거로움을 제외하면, 섬 간 비행 시간은 1시간 미만이다.

전통적으로 하와이의 섬들 간 비행을 책임져 온 항공사는 하와이안 항공 (Hawaiian Airlines)과 알로하 항공(Aloha Airlines)이다. 1929년 설립된 하와이안 항공은 미국에서 11번째 규모로, 하와이 주에서 가장 큰 항공사이다. 캘리포니아를 비롯한 미국 서부 도시와 남태평양 타히티, 호주, 필리핀까지 운행한다. 후발 주자인 알로하 항공은 1946년 호놀룰루에 본사를 두고 설립되었다. 하와이 외에 캘리포니아 주요 도시와 네바다까지 운행하였다.

그런데 2006년에 미국 애리조나에 본사를 둔 메사 에어 그룹(Mesa Air Group)의 go! 항공이 하와이 항공업계에 뛰어들면서 가격 경쟁에 불이 붙었다. 소위 '가격 파괴'라는 말이 어울릴 정도로 go! 항공은 아주 공격적인 저가 정책을 폈는데, 2007년에는 1주년 기념으로 한정된 좌석에 대해 섬들 간 항공권을 불과 1달러에 팔기도 하였다. go! 항공의 저가 정책으로 다른 항공사들은 요금을 인하할 수밖에 없었다. 여기에 유가 인상까지 겹치면서 항공사들은 심각한 재정난에 부딪히고 말았다. 이 와중에 부도 신청을 냈던 알로하 항공이 2008년 3월 31일자로 여객 업무를 중단하고 문을 닫았다. 매

하와이안 항공사는 알로하 항공사와 함께 지난 반세기 하와이 항공업계의 양대 산맥을 이루어 왔다. 그러나 알로하 항공이 유가와 인건비 상승에 따른 자금 압박을 견디지 못하고 2008년 봄에 문을 닫는 바람에 하와이안 항공사는 명실상부하게 하와이 제일의 항공사가 되었다.

년 760만 명의 여행객을 실어 나르던 알로하 항공이 갑자기 사라지게 되자 관련 관광업계를 비롯한 지역 경제계는 이 사태를 심각하게 바라보았다. 그 직후인 4월 10일에는 알로하 항공보다 규모가 조금 작았던 ATA 항공이 예고 없이 여객 업무를 중단하였다. 미국 서부–하와이 간 여행객 수송의 15%를 점하던 두 회사의 갑작스런 폐업과 이미 염려스러운 단계로 올라 있는 국제 유가로 인해 하와이를 찾는 여행객의 수가 감소하기 시작하였다.

　최근 하와이의 주요 고객인 일본인 여행객이 눈에 띄게 줄고 있어 하와이주 관광청과 여행사들은 그 인근 국가인 한국과 중국을 대상으로 관광 수요조사와 함께 잠재 고객을 끌어오기 위한 묘안을 짜고 있다. 소규모 항공사이긴 하지만 2007년부터 섬 간을 운항하는 모쿠렐레 항공(Mokulele Airlines)

도 최근 마케팅을 강화하고 나섰다. 여객용 제트기뿐만 아니라 소형 세스나를 이용하여 화산 항공 투어 프로그램도 갖추었다. 모쿠렐레 항공은 하와이인에 의해 설립된 최초의 항공사로 알려져 있다.

세계적 휴양지 하와이에는 도대체 얼마만큼의 관광객이 어디서 와서, 얼마나 오랫동안 머물며, 얼마의 돈을 쓰고 가는지 살펴보는 것도 재미있을 법하다. 하와이 관광청의 자료에 따르면, 우선 하와이를 방문하는 사람들의 국가별 분포는 2006년을 기준으로 미국이 510만여 명(68.7%)으로 가장 많고, 다음이 일본(136만여 명, 18.3%), 캐나다(27만여 명, 3.7%), 유럽(10만여 명, 1.4%) 순이었다. 자국민을 제외하고는 역시 일본에서 가장 많은 관광객이 하와이를 찾았다. 한마디로 하와이 주는 일본인 관광객 없이는 먹고살기 어

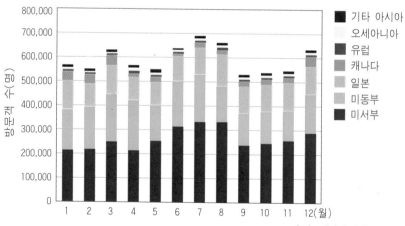

출처 : 하와이 관광청, 2006.

지역별, 월별 하와이 방문객 수. 미국 자국민을 제외하고는 일본 여행객이 최대를 이룬다. 일본인 여행객의 감소로 최근 하와이 여행업계는 한국이나 중국을 대체 수요지로 판단하고 마케팅에 힘쓰고 있다.

려운 게 사실이다. 계절별 관광객 수는 약간의 차이가 있으나 전체적으로 연중 고르게 분포되어 있다. 여름 방학을 맞는 6, 7, 8월이 최대 성수기를 이루고, 연말 수요와 봄 방학 특수로 인해 3월과 12월에 증가세를 보인다.

하와이 살림을 맡고 있는 사람들의 입장에서는 이들 방문객이 얼마나 많은 돈을 쓰고 가느냐가 더 중요하다. 아래 표에서 보면, 하와이와 가까운 일본, 오세아니아 여행객의 여행일수가 여행 거리가 먼 미동부, 캐나다, 유럽, 라틴 국가의 여행객보다 더 짧다. 하지만 한 사람이 하루에 쓰는 돈을 보면 일본 여행객의 씀씀이가 다른 국가 사람들보다 훨씬 크다. 이것이 바로 일본인 관광객의 감소와 관련하여 하와이 주정부가 내심 걱정하는 대목이다. 설상가상인 것은 세계적 경기 침체로 인하여 2008년 상반기 하와이를 방문한 전체 여행객이 크게 감소하고 지출 경비 또한 감소하고 있다는 사실이다.

국가별 방문객들의 하와이 여행일수, 하루 일인당 지출액, 여행 총경비

2006년 통계	평균 여행일수	지출액($)/인/일	여행 총경비($)
미서부	9.4	157	1,476
미동부	10.3	181	1,861
일본	5.6	267	1,495
캐나다	12.6	143	1,804
유럽	12.5	169	2,100
오세아니아	8.8	202	1,765
기타 아시아	7.8	208	1,613
라틴 국가	11.5	160	1,833
기타	11.8	161	1,902
평균	10.0	183	1,761

출처 : 하와이 관광청, 2006.

게다가 최근에는 개인 항공기의 하와이 방문 숫자도 줄고 있는 형편이다. 미국 토크 쇼의 여왕이라 불리는 오프라 윈프리, 애플 컴퓨터 대표이사 스티브 잡스 같은 거물급 명사들이 하와이를 자주 찾는 편인데, 이런 손님들마저 경기 불황의 영향을 받는다는 것은 하와이 여행업계에 심각한 적신호가 아닐 수 없다. 하와이 주 교통부가 최근 내놓은 비상업용 제트기 출입 현황에 따르면, 마우이 마훌루이 공항은 9.6%, 오아후 호놀룰루 공항과 하와이 코나 공항은 각각 7.9%와 3.4%씩 감소한 것으로 나타났다.

각도를 달리하여, 이번엔 여행객이 찾는 여섯 개 하와이 섬들을 중심으로 통계 숫자를 비교해 보자. 가장 궁금한 것은 어느 섬에 가장 많은 사람들이 몰리느냐이다. 아래 표를 보면 예상대로 항공 교통의 중심인 호놀룰루가 있는 오아후(45.4%)가 가장 많고, 그 뒤로 마우이(24.2%), 하와이(16.2%), 카우아이(12.2%) 순이다. 이 결과는 여행자들의 각 섬에 대한 선호도라기보다는 항공 교통의 근접성과 여행의 편의성, 그리고 명소들의 지명도에 따른 결

각 섬별 방문객 수, 여행일수, 일인당 지출액

	방문객 수(%)	평균 여행일수	지출액($)/인/일	지출 총누계 (백만$)
오아후	4,727,496 (45.4)	6.9	179	5,736
마우이	2,516,215 (24.2)	7.4	201	3,592
몰로카이	95,510 (0.9)	4.0	103	35
라나이	105,575 (1.0)	3.0	281	78
카우아이	1,270,013 (12.2)	6.4	168	1,288
하와이	1,687,986 (16.2)	6.4	162	1,652
평균	1,733,799 (100.0)	5.7	182	2,063

출처 : 하와이 관광청, 2006.

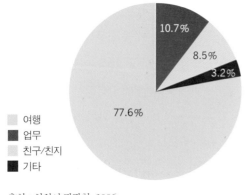

■	여행
■	업무
■	친구/친지
■	기타

10.7%

8.5%

3.2%

77.6%

하와이 방문 목적별 여행객 구성.
휴양지답게 78%에 이르는 방문객
들이 신혼여행이나 휴가를 위해
하와이를 찾고 있다.

출처 : 하와이 관광청, 2006.

과라 보여진다. 한 가지 눈에 띄는 점은 오아후를 제치고 마우이가 여행일수
면에서 수위를 차지했다는 것이다. 외부로부터 비행편이 직접 연결되는 섬
이 아닌 점을 감안하면, 마우이가 인기도 면에서 최고의 자리에 올랐음을 알
수 있다. 여행객이 뿌리고 간 경비로 치면 최다 관광객을 유치하는 오아후가
57억 달러 이상으로 수위를 차지했고, 그 다음 순위는 방문객의 수와 같은
순서로 이어진다.

마지막 통계는 방문 목적에 관한 것이다. 절대 다수 방문객이 휴가, 결혼,
신혼여행 등 여행 목적(78%)으로 하와이를 찾았고, 10.7% 정도는 회의, 출
장, 학회 등 업무차 하와이를 방문하였다. 친구나 친지를 방문하기 위한 목
적도 8.5%에 이르렀다. 나머지는 군 복무 등 공무, 학업, 또는 운동 경기 등
의 목적으로 하와이를 방문한 것으로 조사되었다.

2장
축복받은 자연

하와이가 받은 가장 큰 축복은 역시 겨울 없는 따뜻한 기후이다. 연중 충분한 일조량으로 기온의 계절차가 미미하고, 북동쪽에서 불어오는 무역풍이 항상 선풍기 역할을 하는 절묘한 지리적 조건을 갖춘 곳에 하와이가 있다. 하지만 하와이가 밋밋한 평원처럼 생긴 지형만을 가지고 있었다면 지금의 관광 산업은 존재하지도 않았을 것이다.

산이 있었기에 바람이 타고 올라가 구름을 만들고 비를 뿌려 녹음이 형성되었고, 비를 뿌린 바람은 바짝 말라 건너편으로 불어 내려감으로써 항상 쨍쨍한 리조트 타운의 입지를 가능케 하였다. 화산이 만든 형제섬들은 나이에 따라 생김새와 분위기가 제각각이어서 방문객들의 관심과 사랑을 골고루 나눠 받는다. 파도에 부서지는 바닷가의 돌들은 하얗고 까만 모래밭을 이루며 병풍처럼 둘러앉은 열대림과 어우러져 세상이 탐내는 해변가를 만들어 냈다.

어디 이것뿐인가. 뭍사람들이 보기에는 자그마한 섬들이지만 해발 4,000m를 훌쩍 넘는 산이 있어 등산객의 환영을 받고, 높이와 방향에 따라 각양각색의 풍광을 자아낸다. 산을 타는 구름도 숨이 차 못 올라가는 산꼭대기에선 세상의 별들을 쳐다보기에 안성맞춤인 청명한 하늘이 밤마다 열린다. 생물, 지리, 지질, 천문, 기후, 해양 등 자연을 주된 대상으로 공부하는 사람에게 하와이는 그야말로 천연의 야외 실습장과도 같은 곳이다.

하와이 학생들은 실제로 이런 이점을 충분히 활용하고 있다. 과목마다 야외 답사며 표본 조사 등 교실이 아닌 해변이나 산에서의 실습에 많은 시간을 쓰고 있다. 이렇게 현장에서 공부할 수 있는 매력 때문에 미국 본토나 해외의 많은 학생들이 매년 하와이를 찾고 있다.

지구 전체적인 대기 순환 패턴에 따라 하와이에는 연중 무역풍이 분다. 일정한 풍향으로 인해 해안의 나무들은 흔히 한쪽으로 기울어져 있다.

열대 우림에서 빙하의 흔적까지

하와이는 통상적으로 아열대 기후대에 속한다고 알려져 있지만 어떤 면에서 이 말은 틀렸다. 휴가를 위해 며칠 해안가에 머물면서 경험하는 하와이의 날씨는 아열대의 특징을 보이겠지만, 주 전체로 보면 사실상 전 세계의 모든 기후대가 공존하는 곳이 하와이라 해도 과언이 아닐 것이다.

하와이는 항상 날이 맑고, 햇살이 따갑게 쏟아질 것이라 생각하는데 그것은 착각이다. 하와이는 건기와 우기가 반복되어 강우량의 대비가 명확하게 나타나는 기후 특성을 가지고 있다. 평균적으로 5월에서 9월까지는 강우량이 상대적으로 적어 건기라 하고, 10월부터 이듬해 4월까지를 우기라 부른다. 여름에 해당하는 건기에는 적도에서 아열대 지역에 걸쳐 부는 무역풍의 영향이 강해 열대성 폭풍 발달이 미약하고 강우량이 줄어드는 반면, 겨울에는 이 무역풍의 힘이 약해지고 대신 열대성 폭풍의 발달이 빈번하기 때문에 강우량이 큰 폭으로 늘어난다. 그리고 이러한 전반적인 강우량의 분포 또한 국지적인 지리 특성에 따라 큰 편차가 있고, 고도나 방위에 따라서도 그 변동이 적지 않다. 섬 면적이 가장 큰 하와이 섬의 경우, 지난 30년간의 평균

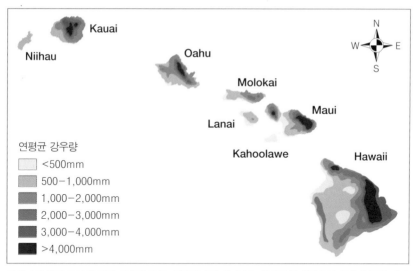

하와이의 최근 30년간 평균 강우량 분포. 북동쪽에서 불어오는 무역풍의 영향으로 하와이 동쪽 사면은 비가 많고, 서쪽은 건조하다. 주 전체로 볼 때, 건조 기후에서부터 열대 우림 기후에 이르기까지 다양한 기후대가 공존한다.

연중 무역풍을 받아 비가 많은 하와이 북동 지역은 호우로 자주 범람하기 때문에 대형 인공 수로를 만들어 만일의 재해에 대비한다. 한 공원 옆으로 반듯하게 건축된 홍수 대비용 수로의 모습. 평소에는 물이 전혀 흐르지 않지만, 호우가 쏟아지면 많은 양의 비가 이곳으로 모여 빠져나간다.

강우량으로 봤을 때 연간 강우량이 200mm 미만에서 7,000mm가 넘는 곳까지 그 편차가 상상을 초월한다. 연간 강우량이 200mm 미만이면 건조 또는 반건조 기후에 해당된다. 또한 5,000mm 이상이면 초다우 지역으로 이런 곳에는 그 기후 특성을 반영하여 열대 우림이 발달하였다. 하와이의 천연 우림은 인간의 개발로 그 면적이 많이 축소된 상태이지만, 지금은 대부분 보전 지역으로 설정되어 보호되고 있다.

하와이의 자연 식생은 다양한 특징이 있다. 복잡한 하와이의 숲을 단순화하여 이해하기 위해서는 우선 토착종 나무 두 가지를 알아야 한다. '오히아 (ōhia, *Metrosideros polymorpha*)' 와 '코아(koa, *Acacia koa*)' 가 그것인

오히아는 하와이 전역에 분포되어 있는 대표적 토착 수종이다. 용암 표면과 같이 영양분이 적은 곳에서 천천히 성장한다.

코아도 오히아와 같이 하와이 토착 수종을 대표한다. 단단한 목질로 인해 다양한 목가공품을 만드는데 사용된다. 목재의 이용이 다양하기 때문에 가격이 비싼 나무이다.

왼쪽은 하와이의 대표적 양치식물 하푸우. 키 큰 나무 밑에서도 잘 자란다. 오른쪽은 잎의 모양이 마치 사람 손가락 모양으로 늘어진 울루헤.

데, 이들은 하와이 전역에 분포되어 있으며 하와이를 대표하는 가장 중요한 수종이다. 하와이에 서식하는 많은 새들에게 필요한 보금자리와 먹을거리를 제공하며, 특히 재질이 단단하고 질이 좋은 코아는 목재 가공품을 만드는 데 유용하게 쓰인다.

그리고 다른 한 종류의 흔한 식생군은 양치식물인데, 운전 중 주위를 둘러보면 쉽게 눈에 들어온다. 사람 키보다 큰 '하푸우(hapuʻu)'가 주로 많고, 길가에 마치 손가락처럼 보이는 작은 잎을 가진 것은 '울루헤(uluhe)'이다. 양치식물이 우거진 하와이의 깊은 숲은 열대 지역을 상징하는 대표적 경관이다. 미국의 영화감독 스티븐 스필버그가 이 양치식물 숲을 배경으로 '쥐라기 공원'을 연출한 바 있으며, 2008년에 그는 또 다른 작품 '인디아나 존스'의 촬영 무대로 다시 하와이를 택했다.

하와이의 강우량과 기온의 분포는 고도를 고려하면 더욱 다양하기 때문에

고산 지역에는 구름이 항상 걸려 있다. 이 구름이 떨어뜨리고 가는 많은 수분으로 생장하는 삼림을 '클라우드 포레스트'라고 한다.

식생 분포도 지역에 따라 아주 다양하게 나타난다. 무역풍의 힘을 받아 산비탈을 오르는 구름층은 고도 증가에 따라 수증기가 포화되어 거의 매일 산중턱에 비를 뿌린다. 이런 지역은 일반적인 비나 눈을 통한 강우량보다 구름 속 수증기가 응결되어 흐르는 수분이 더 많은 특이한 생태 환경을 가지고 있다. 이렇게 구름 속 습기를 항상 받고 자라는 삼림을 클라우드 포레스트(cloud forest)라 부른다.

해발 2,000m 정도에서는 대개 기온 역전이 일어나, 구름이 더 이상 산을 오르지 못한다. 그래서 그 위로는 입술이 순식간에 마를 정도로 갑자기 습도가 떨어진다. 비가 없으니 주변 경관도 건조한 초원 지대처럼 변해 버린다. 드문드문 키 작은 나무를 제외하면 초본이나 관목이 대종을 이룬다.

고도를 높여 하와이 최고봉인 마우나케아 정상으로 다가가면 오래전 빙하의 흔적이 나타난다. 얼음덩이가 움직이면서 바위를 깎아 낸 자국이며, 녹아내린 얼음과 눈에 쓸려 내려와 불규칙하게 쌓여 있는 길가의 암석 조각들이 과거의 빙하 기후를 그대로 말해 준다. 학자들의 견해에 따르면 과거 20만년 동안 이곳 산정부에서 네 번에 걸쳐 얼음층이 쌓였다 녹았다를 반복하였다고 한다. 해발 4,000m가 넘는 고지대이기 때문에 산을 오를 때에는 겨울외투를 챙겨야 하며, 추위를 타는 사람이라면 외투는 물론 털모자, 장갑을 잊지 말아야 한다. 하와이에는 눈이 전혀 없을 것 같지만 이곳에 오르면 눈

마우나케아 정상으로 가는 길. 땅의 흙마저 물기 하나 없이 말라 있는 산 정상부의 전경. 여기저기 길가에 흩어져 있는 모난 암석들은 빙하가 쓸어내린 퇴적물이다.

눈을 찾아 마우나케아를 올라온 트럭. 마우나케아 산정부에 쌓인 눈을 양껏 트럭에 실었다. 마우나케아 정상에 눈이 쌓이면 잠시나마 하와이에서도 눈싸움이며 겨울놀이를 즐길 생각으로 제법 많은 트럭들이 마우나케아를 오른다.

마우나케아 산사면에 무리를 지은 소규모 분화구.

을 구경할 수 있다. 그래서 하와이 사람들은 산꼭대기에 눈이 하얗게 쌓이면 트럭을 몰고 올라와 눈썰매를 즐기고, 내려갈 때는 눈을 담아 가서 녹을 때까지 눈이 주는 즐거움을 맛본다. 특이한 광경이 아닐 수 없다. 이 대규모 화산 주위에는 소규모 화산이 수없이 많이 흩어져 있는데, 보통 높이 450m 미만의 소형 화산체인 분석구(cinder cone)들이다. 일단 형성된 분석구에서는 추가적인 화산 분출이 없으니 내키면 한달음에 올라가 봐도 무방하다.

마우나케아 산 정상을 내려와 바람이 흘러내리는 반대쪽 산비탈을 따라 내려가면, 이게 하와이인가 싶을 정도로 또 다른 환경이 한눈에 확연히 들어온다. 태평양의 물기를 머금고 온 바람이 산등성이에 비를 뿌리고 나면 빳빳이 마른 상태로 산을 넘어가게 마련이다. 따라서 산의 반대편에는 하와이의 상징인 야자수는커녕 키 큰 나무들은 사라지고 관목과 초본, 그리고 사막의 상징인 선인장이 나타난다. 무역풍을 맞는 쪽과 보내는 쪽이 이렇게도 극명한 대조를 보인다. 하와이에 선인장이라. 예상치 못한 장면에 대부분 입을 다물지 못한다. 이 지역은 습도가 낮고 연중 태양이 머리 위로 강하게 내리쬐기 때문에 일사량과 강도는 땡볕에 서 있는 잠깐 동안에도 눈과 피부를 자극할 만큼 높다. 하와이에 사는 대다수의 꼬마들을 보면, 모두 자연적으로 선탠이 되어 까무잡잡한 피부를 유지하고 있다. 얼마 전 서울서 친구가 학회 참석차 이곳을 다녀갔는데, 자꾸 하와이의 아름다운 햇살을 피해 도망을 다녔다. 각종 공해로 인해 맑은 날에도 햇살의 강도가 희미한 서울 하늘에 익숙한 사람이라면 작열하는 하와이의 직사광선은 너무 눈부실 것이다.

산을 내려가 다시 고속도로를 따라 달리다 보면 시커먼 용암 바닥에 비 한 방울 내리지 않을 것 같아 보인다. 하지만 이내 시시각각 불어오는 바닷바람에 구름이 생겨 모이는 곳에는 비가 내리고 녹음이 우거져 있는 것을 볼 수 있다. 이 모든 변화가 단지 두세 시간 안에 경험할 수 있는 것이니, 하와이는 지구 상에 몇 안 되는 특이한 곳임에 틀림이 없다. 세계적 휴양지인 호놀룰루를 비롯하여 대다수 리조트가 들어선 하와이의 고급 휴가 타운들의 지리적 위치를 보면 이러한 기후 패턴과 직접적인 연관이 있음을 알 수 있다. 연중 대규모 휴양 산업이 발전하기 위해서는 날씨가 그 무엇보다 중요하다. 포

산을 넘으면서 물기를 떨군 마른 공기가 산비탈
에 내려앉으면 하와이의 경치는 이내 풀밭으로
대응한다. 한두 주 마른 날이라도 계속되면 산
불 주의령이 내릴 정도로 널따란 초원이 마치
대륙 중간의 시골길을 연상시킨다.

하와이 건조 지역에는 사막 식물인 선인장이 자
라고 있다.

용암이 흘러내려 만들어진 까만 화산암 바닥을 깎아
만든 해안 일주 고속도로가 드높은 하늘과 구름 아래
시원하게만 느껴진다. 바람을 따라 만들어졌다 흩어
지는 하와이의 구름은 기기묘묘하여, 감히 사람이 따
라 할 수 없는 예술 그 이상의 아름다움을 시시각각
자아낸다.

자기의 흔적을 남기려고 하는 것은 인간을 포함한 동
물의 본성일까? 방문객들이 용암을 칠판 삼아 하얀 산
호초 조각들을 배열하여 이름도 쓰고 그림도 그려 놓
았다. 북한산 한 모퉁이 돌덩이에 적힌 '여기 나 다녀
간다' 는 등산객의 낙서가 생각난다.

근한 날씨가 계속돼도 비가 잦은 곳이라면 휴양지로서의 매력이 떨어진다. 빗속에서의 야외 활동을 좋아할 사람은 많지 않을 것이기 때문이다. 따라서 강우 일수가 적은 곳, 바로 무역풍의 영향으로 비가 자주 내리는 쪽의 반대편에 휴양지가 들어서게 된다. 하와이에서 볼 때 무역풍은 북동쪽에서 불어오고, 그 이유로 북동사면에 연 강우량이 가장 많다. 따라서 오아후 섬의 호놀룰루, 마우이 섬의 카팔루아, 하와이 섬의 코나 등 거의 모든 리조트 타운은 비가 적은 각 섬의 서쪽 해변에 자리하고 있다. 참고로, 하와이 섬 동쪽 해안에 자리한 힐로는 미국에서 가장 강수량이 많은 도시로 알려져 있다.

기온과 강우량의 분포가 지리적으로 이렇듯 다양하지만 인구 대다수는 해안에 분포한 크고 작은 도시에 밀집되어 있다. 따라서 이들 지역의 기온 변화는 연중 미미하다. 호놀룰루의 경우, 1~2월의 월평균 기온은 27℃ 정도이며, 가장 더운 8월에도 약 31℃ 내외이다. 연중 기온 변화의 폭이 5℃ 미만으로, 우리나라로 치면 일 년 내내 초여름 날씨가 계속되는 셈이다. 그렇다면 하와이에서는 일 년 내내 냉방을 하며 살아야 하는가? 그렇지는 않다. 한낮에야 기온 때문에 후덥지근하지만 해가 지면 시원스럽게 불어오는 무역풍이 더위를 바로 식혀 주기 때문에 연중 에어컨 없이 살 수 있는 곳이 또 하와이이다. 여름과 겨울의 기온차보다는 밤낮의 기온차가 훨씬 크기 때문에 밤에는 오히려 바깥바람이 너무 많이 들어오지 않게 해야 감기를 피할 수 있다. 이런 통풍의 양을 쉽게 조절하기 위해 하와이에는 어딜 가든지 잴러시(jalousie)라는 특이한 창문 형태가 보편화되어 있다. 창문이 하나의 유리로 만들어지는 것이 아니라 옆으로 길다란 여러 개의 직사각형 유리판들이 위에서 아래로 겹쳐져 있다. 이 유리판들의 각도를 달리하면서 드나드는 바람

젤러시라고 불리는 특이한 유리창 스타일이 하와이 전역에 일반화되어 있다. 한 초등학교 건물의 유리창이다.

의 양을 조절하기도 하고 막기도 한다. 젤러시는 하와이뿐만 아니라 플로리다나 캘리포니아 등과 같은 더운 지역에서 볼 수 있는 창문 유형이다. 그렇지만 하와이에서 냉방 시설에 의존하지 않고 지내는 데에는 미국 본토에 비해 전기료가 무척 비싸다는 이유도 있다.

답사를 다니며 공부하는 사람에게는 일종의 직업병 같은 것이 있다. '지리적으로 참 다른 곳에 왔는데 이것은 왜 이리도 비슷하고, 저것은 왜 저리도 다를까?' 하는 단순한 의구심이 생겨 늘상 여행 중 시간을 빼앗긴다는 것이다. 굳이 공부하는 사람이 아니더라도 호기심이 좀 있는 사람이라면 비슷한 생각을 하고 두리번거릴 것이다. 우리나라 울릉도에 가면 춥고 눈 많은 울릉도 기후에, 제주도에 가면 바람 많은 제주도 기후에 적응한 전통 가옥이 있듯이 온화하고 습기 많은 하와이에도 하와이식 전통 가옥 형태가 있다. 지금도 이 같은 모습을 거리에서 볼 수 있는데, 집들의 바닥이 땅에 닿지 않도록 기둥을 세워 어느 정도 높이 위에 올려놓았다. 왜 이렇게 지었을까? 한 가지 이유는 통풍 때문이다. 습한 기운을 자연적인 바람으로 없애기 위해 바닥을 약간 올려 빈 공간을 만들었다. 또한 비가 순식간에 많이 내릴 경우 바닥이 흥건하게 젖거나 물이 차오를 수 있는데, 바닥을 높여 놓으면 소규모 침수를 막을 수 있다. 그리고 습하고 따뜻해서 벌레가 많은 곳이라 바닥을 높이면 이들의 침범을 줄이는 효과가 있다. 괜찮은 듯싶은 아이디어이지만 적어도 하와이의 경우엔 치명적인 문제가 있다. 지진이 잦은 하와이 환경에서 건물 바닥이 땅에서 떨어져 있다는 것은 지진에 집이 쉽게 내려앉을 수 있는 결함이 된다. 허리케인이나 강한 폭풍이 몰아치면 집이 통째로 떠밀려 간다는 구조적 취약성도 항상 내재해 있다. 그래서 요즈음 짓는 집들은 바닥에 콘크리트 기초를 하고 건물 공사를 한다.

하와이의 크리스마스

하와이로 이사 오면서 겨울이 없는 하와이의 크리스마스는 어떨까 하는 다소 유치한 의문을 가졌다. 이웃과 음식을 나누고 선물을 주고받으며 안부의 카드를 띄우고 하는 모든 의례적인 크리스마스 이벤트가 하와이에도 어김없이 있다. 산타의 복장도 다름없고, 산타를 기다리는 설레임도 다르지 않다. 온갖 장식물과 선물을 쌓아 둘 크리스마스트리도 여느 곳과 똑같이 판매된다. 단지 추운 날씨와 흩날리는 눈발이 없을 뿐, 다른 곳에서의 크리스마

스와 큰 차이를 보지 못했다는 사실은 크리스마스가 추운 겨울에 있어야 한다는 생각이 한낱 편견에 지나지 않는다는 것을 깨우쳐 준다. 크리스마스가 되면 미국 어느 동네나 크고 작은 행사가 있다. 그중 대표적인 것이 거리 퍼레이드이다. 하와이에서도 상가 번영회나 각종 사설 단체, 학교, 군인과 경찰 등 다양한 곳에서 퍼레이드를 준비한다. 대형 트럭을 하와이 특유의 꽃과 잎사귀 등으로 장식하고 자신들을 나타내는 플래카드나 스티커를 부착하고서는 나름의 퍼포먼스를 벌이며 시내 주요 도로를 일주한다. 간간히 구경꾼들을 위해 사탕을 뿌리며 크리스마스 기분을 만끽한다.

날씨가 따뜻하기 때문에 다른 한 가지 광경은 퍼레이드가 시작되기 한두

크리스마스가 되면 하와이의 주요 도로에서는 각종 단체의 성원들이 유니폼을 입고 줄을 잇는 거리 퍼레이드가 펼쳐진다. 부지런한 사람들은 일찍감치 전망이 좋은 자리를 차지하고 나들이를 즐긴다.

시간 전부터 집집마다 접이식 의자와 먹을거리를 챙겨 미리 전망과 시야가
좋은 자리를 차지하고는 퍼레이드 자체를 소풍 나들이로 즐긴다는 점이다.
퍼레이드가 시작할 시점이면 주차 공간을 찾기 어렵고, 거리 주변은 구경꾼
들로 꽉 차 있다. 퍼레이드 자체는 한 시간 남짓 이어지지만 이를 보기 위한
나들이는 두세 시간이 되기 일쑤이다. 큼지막한 나무 아래 트럭을 대고 뒤쪽
칸막이를 열고 누워 햇살을 즐기는 사람, 푸짐하게 차려 온 도시락을 즐기는
사람, 친구들끼리 모여 앉아 잡담을 나누는 이들, 유모차에 아이를 태우고
나온 젊은 부부, 나란히 의자에 앉아 손주들 재롱을 쳐다보는 노부부 등 각
양각색의 주민들이 모두 이날의 주인공이다.

크리스마스에 대한 기대가 유난히 큰 미국 사람들은 10월 말이나 11월이
되면 집 주위나 정원을 크리스마스를 주제로 하는 장식물로 도배를 하고 반
짝이는 전등으로 장식을 한다. 크리스마스 당일에는 여기저기서 어린이들

학생들이 주로 사는 대학
캠퍼스 주변의 한 아파트
정원에 장식된 산타 모형
과 전등 장식.

을 위한 프로그램이 만들어져서 산타를 초대하고 미리 준비한 선물을 아이들에게 나눠 주면서 어른과 아이 모두 즐거운 한때를 보낸다.

그림 같은 해변

하와이에서 무얼 보고 왔느냐고 누군가 물어 온다면, 망설임 없이 '그림 같은 해변'이라고 답하지 않을까. 파란색 물감을 진하게 풀어 놓은 듯한 하늘, 늘씬한 야자수, 뜨거운 햇살과 달아오른 백사장, 아찔한 서핑, 아름다운 하와이 아가씨들, 끝없이 보이는 푸른 태평양, 영롱한 무지개, 고급스런 휴양지 리조트, 찬란한 바다의 노을, 청량하게 들려오는 하와이 음악, 부티나는 요트……. 이 모든 것이 하와이 해변에 다 있다. 게다가 하와이에는 셀 수 없을 만큼의 해수욕장이 있다. 공항에 내리자마자 여기저기 널린 안내 지도마다 깨알같이 적혀 있는 비치의 이름들이 우리를 당혹스럽게 혹은 행복하게 한다. 어떤 해변을 가 볼까? 좌우가 탁 트인 그런 해변? 수줍게 가려 있는 조용한 해변? 살을 구워 버릴 듯 뜨거운 그런 화끈한 백사장? 아니면 차라리 검게 볶은 양 까만 모래밭? 내가 가고 싶은 곳을 결정하기만 하면 된다. 그런데 그게 가장 어려울 뿐이다.

호놀룰루 공항에 내렸으면 우선 와이키키로 가는 것이 순리이다. 너무 북적이고 상업화되어 매력이 없다는 사람도 많지만 하와이에 사는 사람이 아닌 이상 하와이에서 가장 유명한 와이키키를 가 보는 것은 너무도 당연한 일이다. 우선 규모가 크다. 그리고 아무리 붐빈다 해도 우리나라의 여름철 해

오하우 섬의 와이키키 비치 전경. 동쪽으로 다이아몬드헤드 분화구가 보인다.

운대나 속초 해수욕장에 비하면 한산한 편이다. 동쪽으로 보이는 분화구를 배경으로 사진 한 장을 찍어 놓고, 종일의 피로가 몰려오는 해질 녘에 다시 반대편을 배경으로 찍어 보자. 잊을 수 없는 와이키키의 노을 사진을 얻을 수 있다. 운이 좋아 떨어지는 태양 앞으로 돛을 올린 요트가 한 대 스윽 지나 가기라도 하면 금상첨화이다.

와이키키에서 서쪽으로 얼마 안 가 쇼핑센터 앞으로 알라모아나 비치가 있다. 돗자리 깔고 아이들과 어울려 신선놀음을 할 수 있는 또 하나의 해변

호텔, 콘도미니엄 등 숙박지 중에는 부대시설로 해먹(hammock, 그물침대)이 설치된 경우가 많다. 야자수 사이로 꺾여 들어오는 안락한 태양빛을 자장가 삼아 한 30분 오수를 즐기는 것도 신선놀음의 또다른 방법일터.

이다. 오아후 섬을 가로질러 구불구불 북서해안길을 따라 올라가면 길가에 세워진 자동차며 아이들의 함성 소리에 매번 차를 세우고 싶은 충동을 느낀다. 단순히 물에 몸을 담그든지, 파도를 따라 부기보드에 배를 깔고 엎드리든지, 아니면 모래 속에 온몸을 파묻든지, 또 능력이 되면 서핑보드에 몸을 세워 보든지 자기만의 스타일에 따라 뭘 해도 받아 주는 청명한 해변이 바로 지척에서 우리를 반긴다.

마우이는 요즘 하와이에서 뜨는 섬이다. 하와이 섬처럼 크지도 않아 돌아다니기 덜 부담스러운 마우이는 해변의 천국이다. 차 대는 곳은 백사장이요,

위는 마우이 동쪽 해안에 있는 하나 비치 전경. 외진 곳이라 한적한 편이다. 아래는 마우이 남쪽에 길게 늘어진 빅 비치 백사장. 한여름 휴가철인데도 방문객이 그리 많지 않아 한가한 편이다.

올라서는 곳은 폭포다. 물가도 비싸고 숙박료도 만만치 않지만 이곳에서는 '언제 다시 오려나' 하는 아주 단순한 생각으로 즐겨야 한다. 어차피 큰 맘 먹고 오지 않았는가. '지출이 너무 많네' 하는 등의 일상 속의 푸념은 그때 잠시뿐이지만 마우이에서의 행복과 그 기억은 영원히 남는다.

자연미가 감도는 하와이 섬에도 천연의 해변이 사방으로 널려 있다. 섬 최대 도시인 힐로 가까이에는 용암이 흐르다 멈춘 검은 돌바닥을 드러낸 리처드슨 비치, 가족 단위의 소풍 나들이에 적격인 오네카하카하 비치를 비롯하여 30분 이내에 도달할 수 있는 동네 해변이 힐로 만 동편으로 연이어 있다. 가파른 절벽 아래로 밀려오는 공격적인 파도와 물거품이 일품인 카헤나 비치도 명품 해변 중 하나이다. 누드 차림으로 다니는 것이 불법이긴 하지만 이곳 카헤나 비치에는 해변 한켠에 남자고 여자고 실오라기 하나 걸치지 않은 채 주위의 시선에도 아랑곳하지 않고 대화하고 노래하는 광경을 볼 수 있다. 까만 모래밭이 돋보이는 흑사장은 섬 남쪽에 큰 규모로 잘 알려진 푸날루우 비치 파크가 대표적이다. 서쪽 해안의 중심지인 코나 주변에도 스노클링하기에 좋은 백사장이 여럿 있는데, 카할루우 비치 파크나 더 남쪽으로 푸우호누아오호나우나우(Pu'uhonua o Honaunau) 국립 사적 공원, 호오케나 비치 등이 좋은 예이다. 섬의 북쪽 지역인 코할라는 마우나케아 호텔 뒤편으로 반달 모양의 백사장이 그 자태를 뽐내고 있으며, 스펜서 비치 파크나 하푸나 비치 주립 공원도 사람들이 몰리는 명소이다. 이 외에도 각자의 기호와 흥미에 맞는 훌륭한 해변이 많이 있다. 한적하고도 잘 알려지지 않은 숨겨진 보석을 찾는 것도, 그러한 발견의 희열을 만끽하는 것도 모두 방문객들의 몫이다.

위는 하와이 섬 힐로 인근의 오네카하카하 비치. 얕은 물에 어린아이들이 놀기 편해서 주말이면 가족 단위로 피크닉을 많이 온다. 아래는 힐로 해안가에서 인기 있는 리처드슨 비치. 용암층이 파도에 밀려 쉽게 깨져 나간다.

위는 푸우호누아오호나우나우 사적 공원 한쪽으로 펼쳐져 있는 해변의 모습. 용암이 굳은 까만 암석과 하얀 모래사장이 극명하게 대비된다. 아래는 하와이 섬 서해안에 자리한 호오케나 비치. 아늑한 느낌을 준다.

스포티 하와이

　다양한 레저와 스포츠를 연중 즐길 수 있다는 사실은 관광에 있어 아주 큰 매력이다. 하와이는 각종 관광 패키지나 호텔서 제공하는 수상 스포츠 등 다 손대 보기도 힘들 만큼 레저 활동이 다양하다. 그중에서도 하와이 수상 스포츠의 하이라이트는 서핑이다. 특히 오아후의 북동 해안은 명실공히 세계 서핑의 메카이다. 매년 세계 각지에서 좀 한다하는 선수들이 몰려들어 지구상 최고의 서퍼를 가린다. 수 미터에 달하는 파도(swell이라 부른다)가 눈앞에 솟아올랐다가 부서지는 동안 그 파도의 언저리를 따라 서핑보드에 몸을 맡기고 미끄러지듯 움직이는 서퍼들을 보노라면 기가 막히다는 말 외엔 더 할 말이 없다. 뭐랄까, 짜릿하면서도 통쾌한 그 어떤 대리 만족을 느끼기에 충분하다.

파도 터널을 따라 미끄러지 듯 달리는 서퍼의 모습.

차량 내부에 서핑보드를 고정한 차량. 경우에 따라서는 개인용 서핑보드를 직접 비행기로 가지고 다니는 사람도 있다.

부기보드를 들고 큰 파도를 찾아 서성이는 아이들. 아직 학교에 다니지 않을 듯한 어린아이들도 부기보드 삼매경에 빠져 있다.

    하와이에서는 공항에서부터 기다란 케이스에 서핑보드를 넣어 가지고 다니는 사람을 어렵지 않게 볼 수 있다. 파도가 이는 곳이면 어느 곳이든 서핑족들이 지천에 널려 있다고 보면 된다. 형형색색 크기와 디자인이 다른 멋진 서핑보드를 SUV 차량에 싣고 아침저녁으로 바닷가로 향하는 서퍼들은 그야말로 하와이를 상징하는 또 하나의 아이콘이다.

    서핑 기술이 없는 사람들은 부기보딩(boogie boarding)으로 파도를 즐긴다. 빳빳한 스펀지 소재로 만들어져 물에 둥둥 뜨는 판자 모양의 장비(부기보드)를 배에 깔고 밀려오는 파도에 몸을 맡기면 그 나름대로 파도를 타는 듯한 효과가 있다. 경험이 쌓이면 부기보드를 가지고도 파도 위로 몸을 날려 공중 부양을 하는 기술자들도 있다. 부기보드는 상체 피부와 계속 마찰을 일

옛날 선착장 부대시설로 보이는 건축물 잔해 위에서 다이빙 놀이를 즐기는 아이들.

으키므로 적당한 물놀이용 셔츠를 타이트하게 걸치는 것이 바람직하다.

바다로 둘러싸인 섬들인 만큼 하와이에서는 당연히 많은 사람들이 수영을 즐긴다. 한 가지 재미난 점은 하와이에는 섬들을 종단하는 장거리 수영가들이 있다는 점이다. 섬과 섬 사이의 바닷길을 채널이라 하는데, 이 채널스위머(channel swimmer)들은 최소 11km가 넘는 바닷길을 헤엄쳐 건넌다. 카우아이와 오아후 간 거리는 인간 한계를 넘는 것이어서 이를 제외하면 나머지 바닷길에 대해서는 모두 헤엄쳐 건넌 기록이 있다. 48km에 달하는 하와이–마우이 채널은 가장 길고 힘든 구간이어서 지금까지 단 한 명만이 종단 기록을 가지고 있다. 추위, 피로, 탈수 등을 감수해야 하고, 해파리나 상어의 공격에 대비해야 한다. 수영하는 사람 뒤를 따라갈 배가 필요하며, 주기적으로 근거리에 접근해 물과 음식물을 공급할 카약커(kayaker)도 필요하다. 통상 장거리 수영에는 한 시간마다 에너지를 보충할 음식물이 공급된다. 예전에는 커피, 수프, 요구르트, 초콜릿바 등을 주로 먹었는데, 요즘은 고효율의 젤, 음료 형태의 스포츠식을 먹는다고 한다. 종단 기록을 공식적으로 인정받기 위해서는 수영하는 사람이 자신을 뒤따르는 배를 건드릴 수 없기 때문에 음식물들은 바다 위로 던져서 전달한다. 이렇게 고된 일을 도대체 왜 하는 것일까? "온통 바다에 몸을 맡기면 포근히 안겨 있다는 느낌이 듭니다. 아주 특별한 느낌입니다." "성취감, 안정감, 평화로움 그런 것들을 느낍니다. 모든 일상의 고뇌를 잊게 해 줍니다." "거기에 있다는 것만으로도 행복합니다. 바다가 주는 짜릿한 느낌이 있습니다. 모든 스트레스가 사라집니다." 채널 종단 기록을 남긴 사람들이 각자 전하는 이유이다. 지금껏 가장 빈번히 건넌 구간은 라나이–마우이 간으로, 거리는 약 15km에 달하며, 2008년 6월 현재 157명의 수영가들이 종단 기록을 남겼다. 그러나 아이러니하게도 이들 중 하와이 인은 아직 없다.

스노클링도 하와이에서는 쉽게 접근할 수 있는 수상놀이이다. 물안경을 끼고 입에는 스노클을 물고 물속에 들어가 바다 속을 훤히 들여다보는 재미는 들이는 노력에 비해 훨씬 크다는 생각이다. 사람 키보다도 얕은 바다에 들어가서도 하와이 거북을 어렵지 않게 구경할 수 있다. 해양 생물 다양성이 지구 상 그 어느 곳보다도 높게 확보된 하와이의 해안 환경은 스노클링을 즐기는 그 누구에게나 형형색색의 수중 생물상을 항시 제공한다. 한 가지 주의

대부분의 비치에는 야외 샤워 시설이 갖춰져 있어 물놀이를 즐긴 사람들이 바로 이용할 수 있다.

잠수함을 이용하면 깊은 해저의 모습을 볼 수 있다. 오래 전 침몰한 선박의 잔해 주위로 열대어들이 먹이를 뜯어먹으며 노닐고 있다.

해야 할 것은 바다 밑은 용암이 식어 만들어진 거친 암석 바닥이라는 점이다. 들쭉날쭉한 화산암의 표면은 상당히 날카로워 맨발로 물에 들어갔다가 발가락이나 발바닥을 베어 상처를 입는 경우가 왕왕 있다. 이를 피하기 위해서는 발에 밀착하는 수중용 신을 신으면 된다. 간혹 오리발을 신고 들어가는 사람도 있는데, 오리발을 신으면 옆으로 걸어야 하는 등 이동이 쉽지 않다는 단점이 있다. 수심 몇 미터 정도까지는 스노클링을 해서 내려가 볼 수 있지만, 더 깊은 해저의 모습을 보려면 잠수함을 이용해야 한다. 상업적으로 제공되는 것이라 좀 비싼 것이 흠이다(www.atlantisadventures.com).

사방이 바다인 하와이는 낚시를 즐기는 사람들에게는 천국과도 같거니와 하와이 주민들에겐 거의 일상과도 같다. 직접 물고기를 잡아 요리를 하기도 하고, 제법 가치가 있는 덩치가 큰 물고기는 길거리에서 팔기도 한다. 해안가에 바람이라도 쐴 겸 잠시 거닐다 보면 무리를 지어 바다낚시를 즐기는 사람들을 거의 매일 볼 수 있다. 어린아이들도 어깨 너머로 배웠는지 낚싯대를 바닷물 위로 겨누고 있다. 하와이 섬 코나에서는 매년 대어잡이 대회가 열린다. 미국 본토는 물론이거니와 멀리 호주, 뉴질랜드, 아프리카, 일본 등 세계 각국에서 대어 낚시꾼들이 모여든다. 'Hawaiian International Billfish Tournament(HIBT)' 라고 하는 대회로, 주로 청새치와 같은 초대형 어류를 낚는다. 수백 킬로그램에 달하는 청새치는 크기도 크기지만 시속 80km까지 헤엄치는 날렵한 놈이라 선장 이하 참가 선수 일원의 빈틈없는 팀워크가 중요하다. 2008년 대회에서는 캘리포니아에서 출전한 팀이 우승을 차지했는데, 이들이 잡아 올린 청새치의 무게는 자그마치 441kg에 달했다.

하와이 해안에는 카누와 카약을 즐기는 사람도 많다. 중고등학생들부터

해변가 공원에 낚시를 즐기는 사람들. 잡은 고기는 바다로 되돌려 보내거나 식용으로 가져가며, 경우에 따라 팔기도 한다. 어린 소녀가 오빠가 낚시하는 모습을 곁에서 지켜보고 있다.

2008년 HIBT에서 우승팀이 잡아 올린 청새치의 육중한 모습. 대회가 생긴 이래 두 번째로 큰 청새치로 기록되었다.

연례적으로 열리는 한 보트 경주 대회에 참가한 여학생 팀이 경기하는 모습. 일본에서도 외진 섬, 오키나와와 자매결연을 맺은 하와이에서는 매년 대규모의 보트 경주 대회가 열리는데, 오키나와의 각종 특산물과 문화를 하와이에 소개하고 공유하는 축제의 장이 되었다.

성인 그룹에 이르기까지 정기적으로 모임을 만들어 취미로 즐기는 사람들도 적지 않다. 강의를 하다 보면 가방이나 핸드백에 묵직한 패들(paddle)을 꽂고 다니는 학생들을 어렵지 않게 볼 수 있다. 십중팔구 주말마다 카누나 카약을 즐기는 학생일 가능성이 높다. 이들 동호회는 경우에 따라 규모가 큰 단체로 발전하기도 하고, 여러 단체들이 조직화하여 함께 경기도 치르고 상호 화합을 도모하는 페스티벌을 만들어 정례화하기도 한다. 여러 사람이 함께 저어 가는 카누는 생각보다 속도가 매우 빨라 박진감을 더한다. 곳곳에 카약 장비를 대여해 주는 상점이 있으며, 비교적 저렴한 비용으로 몇 시간 정도 물살을 지치며 더위를 잊을 수 있다.

관광객으로 보이는 한 팀이 무리를 지어 카약을 물에 띄웠다. 잔잔한 해변에서는 초보자도 안전하게
즐길 수 있다.

카약 대여 가게에 진열되어 있는
크고 작은 카약용 배들의 모습.

화산 분화구 내부가 궁금하면 직접 트레일을 따라 하이킹을 해 보면 된다. 희끗희끗하게 보이는 곳은 아황산가스가 뜨겁게 배출되면서 주위에 침착된 화학 성분이다.

하와이는 태평양 한가운데 놓여 있긴 하지만 그렇다고 등산이나 하이킹과 무관한 곳은 아니다. 오히려 경사 변화가 심한 화산이 가까운 거리에 있고, 열대 우림이 우거진 삼림을 따라 산길(트레일)이 곳곳에 있다. 사람들은 도로변에 주차를 하고 배낭을 메고 짧게는 1~2시간, 길게는 하루 온종일 숲 속을 걷는다. 하와이는 화산 지형이라는 특수성이 있어, 용암이 흘러내린 표면을 따라 혹은 화산 활동이 일어난 분화구 내부를 탐험하듯 하이킹이 가능하다. 용암면의 온도가 높고, 뜨거운 화산 가스가 지표로 새어 나오는 경우가 많기 때문에 충분한 식수를 가지고 수시로 물을 마시며 걸어야 한다.

도로를 따라 운전을 하다 보면 언제나 자전거로 운동을 즐기는 사람들을 보게 된다. 해안에서 산 정상부까지 도로 포장이 잘 되어 있기 때문에 자전거를 싣고 다니며 시원한 경치를 배경으로 자전거 타는 사람이 많다. 하지만 최소 3,000m가 넘는 산을 자전거로 오르락내리락 하는 일은 그리 쉬운 것이 아니다. 간혹 산정부까지 자전거로 올라가는 이도 있지만 대부분 높은 곳으로 자전거를 싣고 가서 내리막을 이용해 자전거를 즐긴다. 하와이 운전자들은 길게 늘어선 자전거 부대를 만나면 충분한 거리를 두고 서행을 한다.

철인 3종 경기 또한 하와이에서 유명한 스포츠로, 매년 하와이 섬에서 열린다. 사이클로 섬 일주를 하고 수영을 하고 나서 마라톤으로 마무리하는, 그야말로 철인들이나 하는 힘든 종목이다. 하지만 대회에 참가하는 사람들을 보면 어린 학생부터 아이를 여럿 둔 아주머니, 연세 지긋한 분들까지 그 면면이 다양하다.

하와이 스포츠로 골프를 빼놓을 수 없다. 겨울이 없기 때문에 연중 골프를 즐길 수 있다. 고급 리조트 호텔에서 운영하는 몇몇 골프 시설은 매년 PGA(미국 프로골프 협회)급 대회가 열리고 전국 랭킹에 들 만큼 아름답다. 골프장에 따라서는 산 중턱에서 바닷가까지 이어지는 특이한 코스를 따라 골프를 즐길 수 있다. 하와이의 골프는 오아후에 거주하는 한국계 위성미(미국명 미셸 위) 선수의 활약으로 세상에 더 알려지게 되었다. 선수들이 경기를 치루는 정상급 골프장이 아니라면 사용료도 크게 비싸지 않다. 집 근처의 한 대중 골프 코스는 5시 정도가 되면 아예 출입을 통제하지 않아 무료로 골프를 즐길 수 있다. 해가 긴 여름철에는 저녁 무렵 늦게 공짜로 들어가도 두 시간 정도 땀을 뺄 수 있다.

하와이에 왔다면 하루쯤 캠핑을 하는 것도 좋다. 안전 요원까지 배치된 해

하와이에서는 밴과 같은 승합차나 트럭에 자전거를 줄줄이 달고 다니며 여행 중 즐기는 자전거 운동이 꽤 인기 있다.

하와이 섬 코나에서 매년 10월에 열리는 철인 3종 경기(Ford Ironman World Championship; http://ironman.com). 2008년 제30회 대회에서 우승한 선수가 불과 몇십 미터 앞에 놓인 결승점을 향해 들어오고 있다. 호주 출신의 이 선수는 8시간 17분 45초의 기록으로 대회 우승자가 되었다.

변도 있지만 한적한 해변도 많다. 가족 단위로 놀기 좋은 해변의 경우, 하루에 수용 가능한 숙박 인원이 정해져 있기 때문에 예약을 통해 일정을 잡아야 한다. 공원 및 여가 활동을 담당하는 카운티 부서에서 관리하는데, 얼마간의 사용료를 지불해야 한다. 텐트를 설치할 수 있는 장소가 엄격히 구분되어 있고, 밤늦도록 큰 소리로 노래를 하는 행위도 금지되어 있다. 밤 10시 이후로는 정숙을 유지해야 한다. 모두가 잠든 밤, 고요한 적막 속에 철렁대는 파도 소리와 함께 낚싯대를 기울이고 있노라면 아무 두려움 없이 사는 자기 자신이 얼마나 자그마한 존재인가 하는 자성이 문득 찾아온다. 이 널따란 자연을 우리가 사는 배경이 아닌 소통의 대상으로 삼을 때, 자연은 언제나 우리에게 소리 없이 깨달음을 전해 준다.

해변에서의 야외 캠핑도 즐겁다. 인기 있는 해변 공원에는 지정 텐트 구역이 있다.

마우나케아에 있는 제미니 관측소에서 망원경을 이용해 시계열로 특수 촬영한 150여 장의 사진을 중첩하여 만든 천체 사진. ⓒ

천문학의 국제 기지 마우나케아

하와이는 천문학 연구를 위해 없어서는 안 될 보배와 같은 곳이다. 우주를 내다보는 세계 각국의 초대형 천체 망원경들이 하와이에 몰려 있다. 1960년 대 초반부터 전 세계 천문학자들이 하와이에 천체 관측용 망원경을 세우기 시작했다. 하와이 섬과 마우이 섬에는 하와이에서 가장 높은 세 봉우리가 위치해 있는데, 이 세 곳에 세계 정상급 관측 망원경들이 속속 세워졌다.

마우나케아 관측소는 지구상에서 가장 큰 구경의 관측 장비들이 모여 있는 곳이다. 서로 유사한 형태로 지어졌지만 관측소의 소속도 다르고 국적도 다르다. 낮 시간엔 잠을 자듯 문을 닫고 있지만 해가 질 무렵부터는 귀중한 밤 시간을 최대한 쓰기 위해 밤새도록 망원경이 하늘을 전후좌우로 찍어 댄다.

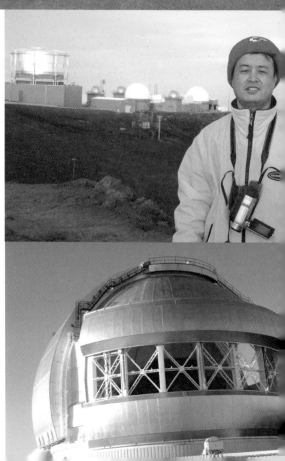

마우이 할레아칼라 정상에 천문 관측 망원경들이 떼를 지어 있다. 다양한 연구팀들이 제각각 대형 망원경으로 매일 밤 하늘을 탐험한다.

제미니 관측소의 우람한 모습. 해가 지기 두어 시간 전 관측소 연구진이 바빠지기 직전에 알고 지내는 천문학자의 배려로 관측소의 문을 열어 보았다.

여러 면에서 하와이는 천체 관측에 이상적인 곳이다. 우선, 저위도에 위치해 있기 때문에 남반구와 북반구 하늘을 모두 관측할 수 있다. 두 번째로, 관측 기기는 습도가 매우 낮은 지역에 설치되어야 하는데 하와이의 세 고산은 그 높이가 최소 3,000m를 넘기 때문에 항상 낮은 습도를 유지한다. 세 번째로, 주변 대기가 청명하다. 관측을 위해서는 대도시로부터의 오염 물질이 없으며 기타 다른 오염원도 없어야 하는데 하와이만큼 이 조건을 충족시킬 곳을 찾기 힘들다. 네 번째로, 주변 지역이 어둡다. 주위가 어두울수록 별들은 더 밝게 빛나므로 관측 지역 주변 도시의 밤거리는 되도록 어두워야 한다. 하와이 섬과 마우이 섬 모두 대도시의 발달과는 거리가 멀고, 기껏해야 수만의 인구를 유지할 뿐이다. 이들 섬의 시내를 밤에 다니다 보면 가로등이 의외로 침침하여 답답하다고 느낄 것이다. 바로 천체 관측이 이루어지는 밤의 밝기를 최소화했기 때문이다. 마지막으로, 산 정상까지 관측 장비와 시설물을 운반할 도로망이 있다. 관측 시설이 밀집되어 있는 하와이 섬 마우나케아의 경우, 해안가에서부터 승용차로 한 시간 반 정도면 산정에 오를 수 있다. 현재 마우나케아 관측소에는 미국의 대학 및 연구소의 천체 망원경을 비롯하여 캐나다, 프랑스, 영국, 네덜란드, 일본, 칠레, 호주, 아르헨티나, 브라질 등 다국적 연구팀이 운영하는 다양한 천체 관측 시설이 자리하고 있다. 각 천체 망원경의 모습을 실시간으로 보려면 다음 웹사이트를 방문하면 된다.

http://mkwc.ifa.hawaii.edu/current/cams/index.cgi

약 4,200m의 고봉인 마우나케아는 그 자체로 하와이 인들에게는 신성한 곳이다. 그들의 기상이 서려 있는 곳으로, 우리로 치면 백두산쯤 된다. 옛날 하와이 인들은 이 높은 산꼭대기에 천국이 있으며 그들의 신과 여신이 살고

힐로 만에서 바라본 마우나케아.

있다고 생각하였다. 이런 신성한 곳에 대규모 천체 관측 시설을 지으려 했을 때, 천문과학자들과 하와이 주민 간에 의견 충돌이 빚어졌다. 과학 활동을 위한 시설이지만 어쨌든 산 정상부의 훼손이 어느 정도 불가피했기 때문이다. 하와이의 영산을 보호하려는 토착민들과 세계 천문학을 선도해 가려는 학계 사이의 팽팽한 줄다리기는 사실 지난 수십 년 동안 진행되어 왔으며, 시설의 변경이나 신축 계획이 있을 때마다 신중한 협의를 하고 있다.

최근 천문학계에서는 직경 30m에 이르는 차세대 초대형 천체 망원경의 입지 문제를 논의한 결과, 최종 후보지인 하와이 마우나케아와 칠레 가운데 한 곳을 낙점하기로 방침을 정했다. 'Thirty-Meter Telescope(TMT)'로 명명된 이 첨단 망원경의 규모는 현존하는 세계 최대 망원 렌즈(W. M. Keck Observatory, 마우나케아 정상에 있으며 건물 8층의 높이에 무게는 300톤)

마우나케아 정상에서 본 일몰 광경. ⓒ 이병수

의 직경보다 무려 3배 더 크며, 관측 해상력에 있어 허블 우주 망원경의 12배에 달해 세계 천문학계의 관심을 한몸에 받고 있다. 미국 천문학자들은 10억 달러에 이르는 TMT 프로젝트를 하와이에 유치하여 누구도 넘보기 힘든 천문학의 국제적 명성을 이어 갈 수 있도록 하와이 지역민들을 설득하느라 동분서주하고 있다. 칠레와의 경쟁에서 하와이가 이길 수 있을지 그 귀추가 주목된다.

마우나케아는 산을 뜻하는 '마우나'와 흰색을 뜻하는 '케아'가 합쳐진 말로 '눈 덮인 하얀 산'이란 뜻이다. 열대 지역인 하와이에서도 눈을 구경할 수 있을 정도로 해발 고도가 높지만 연중 눈에 덮여 있지는 않다. 대개 눈이 온 후 몇 주가 지나면 녹아내린다. 마우나케아의 정상에 오르면 세계적 천체 관측 시설뿐만 아니라 변화무쌍한 영산의 경관을 둘러보는 특별한 경험을

눈에 덮인 마우나케아. 하와이에
서 하얗게 눈이 쌓이는 산이라 하
여 붙여진 이름이다.

마우나케아를 오르기 시작하면
하와이의 품과 같은 용암층 위로
더딘 성장을 해 나가는 하와이의
대표적 목본 식물 오히아의 모습
을 볼 수 있다.

할 수 있다. 아름다운 해변의 경치와는 또 다른 자연의 경이가 산을 오르면서 목격된다. 기온과 습도가 높은 해안가에서는 전형적인 열대림이 흔하지만 산을 오르면서 기온이 점차 떨어지고 습도의 변화가 커서 환경에 적응하는 식생 경관도 빠르게 변한다. 해안에 흔한 야자수와 같은 수종은 산기슭을 접어들면서 금방 사라지고, 척박한 용암 바닥 위로 삼림을 이룬 토착종 식물이 녹음을 이룬다. 해발 1,800~2,000m 정도에 이르면 기온이 상당히 떨어지고 하늘은 더욱 가까워져 흘러가는 구름을 바로 머리 위로 볼 수 있다.

하와이는 위도상으로 고기압대에 놓여 있다. 이 말은 지구적 규모의 대기 순환에서 공기가 하와이를 향해 아래로 하강함을 뜻한다. 팽창하는 상승 대기에 비해 수축하는 하강 기류는 상대적으로 건조하고 더운 공기를 만든다. 결과적으로 산사면의 어느 일정한 고도에 이르게 되면 구름이 더운 공기를

구름의 키가 산보다 작다. 높은 산에서는 일정한 높이에서 기온이 점차 올라가는 기온 역전 현상이 발생한다. 찬 공기가 더운 공기 아래에 머물게 되어 더 이상 구름이 산을 타지 못한다.

만나 더 이상 상승하지 못하고 흔히 띠 형태의 층을 이루게 된다. 이 층 위로 수백 미터 두께에 걸쳐 기온이 점차 오르는 '기온 역전'이 일어난다. 이 현상으로 인해 마우나케아를 오를 때면 거의 어김없이 기온 역전층 아래 만들어진 구름층을 통과하게 된다. 구름을 통과하는 동안에는 당연히 비를 맞게 되지만, 구름층이 점차 엷어지면서 다시 하늘이 파랗게 보이면 잠시 후 구름층이 발 아래로 펼쳐지는 재미난 경험을 하게 된다. 구름층 위로는 습기가 급격히 적어진다. 구름이 없으니 비가 없고, 이러한 건조한 조건이 세계적 천체 관측 활동을 가능하게 한다. 습도 변화에 따라 주변 경관도 드라마틱하게 변화한다. 초본류의 풀밭과 키 작은 관목들이 경관의 주인이 된다. 사방에는 용암이 터지고 흐른 흔적이 시커멓게 둘러 있고 그 위를 풀밭이 덮고 있어, 이를 배경으로 사진을 찍으면 대륙의 어느 초원이라 해도 쉽게 믿을 만하다.

2,700m(9,000ft) 고도에 이르면 산을 방문하는 사람들을 위한 안내 센터가 있다. 기념품, 간식거리, 옷가지, 음료 등을 판매한다. 정상부의 실시간 기상 상태 정보가 모니터를 통해 계속 전달된다. 해질 무렵부터는 '밤 하늘의 별 보기' 프로그램이 매일 진행된다. 안내 센터 직원들과 자원 봉사자들로 이루어진 전문팀의 안내로 관련 비디오 상영이 있고, 이어서 관측 망원경을 통해 행성, 성운, 은하 등을 관측하게 된다. 매월 첫째 주와 셋째 주 토요일 저녁에는 스페셜 이벤트가 제공되므로 미리 스케줄을 알아 두면 좋다. 관측 망원경은 안내 센터 바로 앞에 항상 설치되어 있기 때문에 낮에도 망원경을 통해 태양 흑점을 관찰할 수 있다. 안내 센터 바로 옆에는 하와이 고산 지대에서만 자라는 희귀 식물 한 종을 보호하는 조그만 식물원이 있으므로 잊

강우량이 적은 고지에서는 키 큰 나무는 자라지 못하고 건조 기후에 잘 적응하는 초지가
대종을 이룬다. 고산 지역의 하와이 모습이다.

고산 지역을 점령한 토종 식물 마마네(mamane) 군락이다. 하와이 새 물사 아 열매를 주요
먹이로 삼기 때문에 건조 식생의 보 기를 통해 새의 개체수를 유지할 수 있다.

마우나케아 안내소는 방문객들을 위해 천체 관측 망원경을 설치해 놓았다. 밤 시간에는 안내소 전문 직원들이 망원경을 이용해 별 관측 방법을 가르쳐 준다.

멸종 위기에 처했던 하와이의 희귀 식물 은검초. 일생을 통해 단 한 번 꽃을 피우고 생을 마감한다고 한다. 오직 하와이 고산 지대에서만 서식하는데, 정말이지 은빛 페인트를 칠해 놓은 것 같은 착각을 하게 된다.

지 말고 방문해야 한다. 실버스워드(silversword, 은검초)라 불리는 이 식물은 해발 2,500m 이상에서 자라는 고산 식물로, 마우이 섬과 하와이 섬의 산 정상부에서만 서식한다. 방문객들이 정상 방문 기념으로 캐 가고, 방목하는 염소와 소 등에 의해 훼손되어 멸종 위기에 처했다가 주정부의 보호 정책으로 위기를 넘기고 있다. 잎이 수직으로 검처럼 자라고 그 빛깔이 빛나는 은색을 띠어 영문 이름 그대로 '은검초'이다.

산 정상으로 가는 사람들에게는 이곳 안내 센터에 머물면서 최소 30분 정도 휴식을 취할 것을 권한다. 산 정상에는 기압이 평지의 절반 정도밖에 되지 않기 때문에 건강한 성인의 경우에도 어지러움증이나 구토를 호소할 수 있다. 심장병 환자나 노약자 또는 임산부의 경우 정상까지의 산행은 자제하는 것이 좋다. 안내 센터까지는 포장도로가 잘 놓여 있지만 그 이상 고도부터는 비포장도로이다. 일반 승용차로도 갈 수 있지만 가급적 차체가 높은 사륜차를 이용하는 편이 좋다. 습도가 극도로 낮고 숨이 가빠지기 때문에 미리 충분한 물을 마셔 두어야 하며, 이동 중에도 마실 수 있도록 식수를 넉넉히 준비해야 한다. 특히 마우나케아에는 주유소가 없으므로 미리 연료 탱크를 채워 출발하지 않으면 큰 낭패를 볼 수 있다.

온난화의 감시탑 마우나로아

마우나로아! 단일 산으로는 그 부피가 세계 최대인 산. 용암 생성이 일어난 산의 기저부로부터 쟀을 때 그 높이 역시 에베레스트를 능가하는 세계 최고이다. '로아'는 하와이 말로 '길다'이다. '마우나'는 산이므로, 말 그대로 '긴(높은) 산'이란 뜻이다. 1984년 봄을 마지막으로 아직 화산 분출이 일어나지 않고 있지만 언제라도 화산 활동이 발생할 수 있는 활화산이다. 화산 분출의 전조를 파악하고 예상하기 위해 틸트미터(tiltmeter)라고 불리는 측정 장비를 통해 사면의 경사 변화를 정밀하게 모니터하고 있다.

이 산을 소개하는 김에 화산의 모양새에 대해 잠깐 언급하고자 한다. 화산은 크게 두 가지 형태로 분류된다. 그중 한 가지는 마우나로아처럼 완만한 경사를 가진 화산이다. 마치 방패를 엎어 놓은 듯하다 해서 '순상(楯狀) 화산'이라 부른다. 용암이 끈적이지 않아 마치 죽이 흐르듯 멀리까지 흘러내려 경사가 완만히 넓게 퍼진 형태이다. 다른 한 가지는, 세계적으로 잘 알려진 미국 워싱턴 주의 세인트헬렌스 화산처럼 끈적이는 용암이 분출구를 막

힐로 만에서 바라본 마우나로아. 용암이 끈적이지 않아 마치 죽이 흐르듯 멀리까지 흘러내려 넓게 퍼진 순상 화산이다.

아 내부 압력을 높여 결국 대규모 폭발을 유도하는, 경사가 가파르고 뾰족하게 생긴 화산이다. 가까이 있는 일본의 후지 산도 그러한데, 이런 모양의 화산을 통칭해 '성층(成層) 화산' 이라 부른다.

그동안 절대적 무공해 지역인 마우나로아에서 중요한 과학적 발견이 이루어졌다. 소위 말하는 온실가스의 농도가 계절적 변화를 반복하며 쉼 없이 증가하고 있음을 뚜렷이 보여 준 것으로, 현생 기후 변화의 큰 단서를 제공하였다. 미국의 해양학자 찰스 킬링(Charles D. Keeling)은 지구 온난화의 주범으로 지목되는 이산화탄소의 대기 중 농도를 장기간 측정하고자 했으며, 가장 이상적인 측정 지점으로 인위적 영향이 없는 하와이 마우나로아 정상

마우나로아 가는 길. 주위 사방이 검은 용암으로 뒤덮여 있다. 2005년 봄 학기, 기후학을 수강하는 학생들과 마우나로아 관측소 방문길에 올랐다.

을 택했다. 마우나로아로 가는 길은 그야말로 인적 없는 외로운 길이다. 사방 천지가 시꺼먼 용암이며 그 중간에 정상으로 향하는 비포장길이 놓여 있다. 용암이 흐른 것 외에는 아무것도 없는 이곳에 기후 변화 관측 시설을 마련할 생각을 어떻게 했을까? 역시 무언가를 처음 발견해 내는 사람은 남다른 생각을 실천에 옮기는 선각자임에 틀림없다. 그가 만들어 낸 한 장의 그래프(그의 이름을 빌어 '킬링 곡선'으로 불린다)는 인류 과거사를 단적으로 표현하였으며, 앞으로 변해 갈 기후의 모습을 일찌감치 암시하였다. 이 그래프는 이산화탄소의 농도가 측정을 시작한 해부터 빠짐없이 매년 증가했으며 그 증가 속도가 최근으로 올수록 빨라지고 있음을 여실히 보여 주었다.

검은 용암면 위에 세워진 건물의 하얀 외관이 유난히 빛나 보이는 마우나로아 관측소.

마우나로아 관측소에는 강수량, 바람, 온도, 기압, 일조량, 대기 중 가스 성분을 측정하는 기계 등 첨단 관측 장비가 망라되어 있다.

이 기념비적 기록은 킬링 박사의 연구 계획에 따라 산 정상부에 세워진 마우나로아 관측소에서 측정되었는데, 이 관측소는 시커먼 용암류가 굳어져 만들어진 해발 3,397m의 마우나로아 북사면 위에 외롭게 서 있다. 1956년에 관측소가 세워지고 그 이듬해부터 과학적 대기 관측이 시작되었으며, 이산화탄소 농도의 측정은 1958년부터 지금까지 계속되고 있다. 최근 전직 미부통령 앨 고어가 만든 다큐멘터리 영화 '불편한 진실(An Inconvenient Truth)' 에 이 그래프가 등장한다. 고어는 이 영화를 통해 과거 수십만 년 전부터 현재까지 이어지는 이산화탄소량의 증가가 가져올 지구적 규모의 재해 가능성을 과학적 증거를 제시함으로써 대중에게 알리고자 하였다.

킬링 곡선을 자세히 들여다보면 이산화탄소의 농도가 연차적으로 꾸준히 증가하고 있지만, 연중 변화는 톱니 모양으로 증가와 감소를 되풀이하고 있음을 볼 수 있다. 이것은 식물의 광합성 활동을 놀라울 정도로 정확하게 기

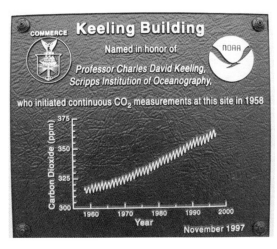

환경 관련 교과서라면 빠짐없이 언급하고 있는 킬링 박사의 이산화탄소 증가 곡선(킬링 곡선). 공기 중 이산화탄소의 농도가 꾸준히 증가하고 있으며 그 증가 속도도 점점 빨라지고 있다.

록한 것이다. 즉 봄이 되면 잎이 새로 돋아 광합성을 활발히 하게 되어 대기 중의 이산화탄소량이 줄어들지만, 가을로 접어들면 잎이 지고 광합성량이 현저히 떨어지며 상대적으로 호흡량이 늘어나 대기 중 이산화탄소량이 그만큼 증가한다. 남반구에 비해 식생이 더 많이 분포해 있는 북반구에서 이산화탄소의 증감량이 크기 때문에 전체 대기 중 이산화탄소의 계절적 변화는 북반구의 패턴을 따르게 된다.

하와이의 섬들은 여느 태평양의 섬들처럼 지구 온난화에 민감한 지역이다. 생로병사라는 자연의 섭리를 따라 이들 화산섬들은 비와 바람에 깎이고, 지각의 이동에 따라 서서히 바다 밑으로 가라앉게 되어 있다. 지구의 온도가 높아지면 고위도 지역과 고산 지역의 얼음과 눈이 녹고, 따뜻해진 바닷물은 팽창을 하여 해수면은 생각보다 빠르게 상승할 것이다. 그렇다면 해수면의 상승은 왜 심각한 문제가 되는 것일까? 고도가 낮은 해안 지대가 물에 잠긴다는 것은 해안에 살고 있는 대다수 섬사람들이 그들의 터전을 물리적으로 잃게 됨을 의미한다.

섬 면적을 잃게 된다는 것은 불행스럽게도 지구 온난화가 가져올 문제들 중 아주 작은 것에 불과하다. 기온이 올라가면 따뜻하고 습한 조건이 더 높은 고도로 치닫게 되고, 이러한 열대 조건에서 흔하게 발생하는 각종 전염성 질병이 더 많은 사람들을 위협하게 될 것이라는 사실은 듣기만 해도 거북스럽다. 온도 증가에 따라 지표의 증발량이 많아지고 강수 패턴이 변화되어 지역에 따라 극심한 가뭄이 닥치거나 홍수가 빈발하게 될 것이다. 각종 기상 재해는 농산물의 작황을 망치고 궁극적으로는 식량 안보에 큰 위협이 될 것이 틀림없다.

백화한 산호. 환경 변화로 해수의 온도가 변하게 되면 이에 적응하지 못하는 산호가 하얗게 죽어 가는데, 이를 산호 백화 현상(coral bleaching)이라 한다.

　더욱이 열대 및 아열대 지역은 지구 생물종의 다수가 몰려 있다. 이들 생물이 적응할 수 있는 속도보다 훨씬 빠른 속도로 기온이 상승하게 되면 마땅한 서식처를 찾지 못한 동물들이 과거 공룡의 멸종과 같은 대규모 재앙에 맞닥뜨리게 될 소지가 매우 크다. 하와이의 경우, 근해에 발달한 산호초는 풍부한 먹이를 바탕으로 아름다운 해양 생물들을 끌어와 수상 레저 산업의 일등 공신 노릇을 할 뿐 아니라 험한 폭풍을 막아 주는 역할을 하는 등 없어서는 안 될 존재이지만, 해수 온도의 상승으로 빠르게 분포 면적이 줄고 있다.

　또한 결정적으로 걱정이 되는 것은 대다수 태평양 연안 저지대에는 지금까지 논의한 환경적, 사회적, 경제적 문제에 대응하는 시스템이 잘 갖추어지지 않았다는 점이다. 몇 년 전 목도한 인도네시아 쓰나미 사건에서 보듯이, 태평양 연안 인구 밀집 지역에 환경 재난이 닥쳤을 때 수많은 목숨을 힘없이 잃게 되는 경우가 잦다. 이러한 환경적 위협에 직면하여 나라마다 탄소 배출 감축을 위한 노력을 펴고 있다. 불행하게도 국가마다 이해 관계가 얽혀 있고 저개발국과 선진개발국 간의 의견 차이가 있어 획기적인 국제적 합의가 도출되지 않고 있다. 환경 과학을 전문으로 하는 학자 그룹 일각에서는 지금 바로 대규모 탄소 배출 감축을 시행해도 온난화를 막기에는 이미 늦었다는 주장이 나오고 있다. 지구의 미래가 심히 걱정되는 대목이다.

3장
섬별 둘러보기

하와이는 대표적 신혼여행지이지만 거리가 멀고 여행 경비가 많이 들어 선뜻 엄두를 내기 쉽지 않다. 최근 미국 자동차협회가 내놓은 여행 경비에 대한 설문조사를 보면 하와이가 단연 1위이다. 그렇다면 이 같은 지리적, 경제적 한계에도 불구하고 하와이를 최고의 여행지로 만드는 동력은 무엇일까?

하와이에 살다 보면 미국은 미국이되 미국스럽지 않은 곳으로 느낄 때가 많다. 미국 본토와도 멀리 떨어져 있으며 인종, 문화, 언어, 경제, 사회, 환경 등 거의 모든 부문에 걸쳐 고유한 특징을 가지고 있다. 뿐만 아니라 태평양 한중간에 고립되어 있어도 태평양 연안의 외진 지역들을 모두 아우르는 중심지 역할을 한다. 지도에서도 잘 보이지 않는, 태평양에 흩어져 있는 섬들을 찾아가지 않아도 하와이에서 생생한 문화 체험을 할 수 있다.

무엇보다도 하와이는 산과 바다가 공존하는 환경적 이점을 지니고 있다. 오전에는 산행, 오후에는 바닷가 물놀이가 가능한 시설과 교통이 확보되어 있다. 세계적인 휴양지로서 세계 각지에서 오는 손님들을 위한 음식과 편의 시설이 부족하지 않다. 특히 일본을 비롯한 동아시아 국가의 여행객들을 위한 배려가 남달라 군데군데 일본어나 우리말로 된 표지나 안내문들이 있다. 그리고 여행지에서 필요한 안전이 잘 확보되어 있다. 강력 범죄나 절도 등이 하와이에서는 자주 일어나지 않는다. 총기 사고가 많기로 유명한 미국에서 하와이는 그로 인한 피해가 가장 적은 주이기도 하다.

이 모든 장점들이 청정한 자연 속에서 건강하게 서식하는 열대 동식물들과 어우러져 하와이를 찾는 이들의 가슴을 부족함 없이 채워 준다.

하와이 여행을 위한 기초

얼마 전 여행을 하면서 느낀 것이지만, 한두 주 혹은 그 이상의 장기 여행을 위한 짐을 꾸리다 보면 결과적으로 입지도 않을 불필요한 옷가지나 물건들을 주섬주섬 가방에 많이 넣거나 반대로 가져갔더라면 혹은 알고 갔더라면 요긴했을 것 같은 그런 것들을 빠뜨리는 경우가 다반사다. 섬별로 구체적인 명승지들을 돌아보기 전에 전체적인 여행의 만족감을 좌지우지하는 것은 아니지만 하와이 여행을 오면서 챙겨 오거나 알고 오면 좋겠다 싶은 몇 가지 '기본'에 대해 얘기해 보고자 한다.

날씨 파악

앞서 이야기했듯이 하와이의 계절은 비가 많은 겨울철(10월~4월)과 상대적으로 건조한 여름철(5월~9월)로 나뉜다. 하지만 해안 지역 연평균 기온이 24℃ 정도이고, 두 계절 간 기온 차가 불과 4~5℃ 정도에 지나지 않기 때문에 일 년 내내 우리나라의 초여름 같은 날씨가 지속된다. 따라서 낮시간 활동을 위해서는 이에 맞는 옷가지를 챙기면 된다. 건조한 무역풍의 영향으로 해가 넘어가면 이내 기온이 떨어져 선선한 경우가 많으므로 가벼운 웃옷을 가방에 넣어 다니면 된다.

여행을 하다 보면 예정대로 도착지에 당도하지 못하는 경우도 있고, 예상치 못한 일로 끼니를 계획한 곳에서 해결하지 못할 수도 있다. 음식은 여행에서 가장 중요한 부분이기도 하므로 먹는 일로 고생하는 일은 피해야 한다. 하와이에는 길을 가다가도 돗자리 한 장 펼치면 점심 피크닉 장소로 좋은 곳들이 널려 있으므로, 야외 점심을 계획하는 날이라도 있다면 널따란 깔개용 담요나 돗자리를 자동차 뒷트렁크에 싣고 가는 것도 좋은 지혜이다. 아무래도 하와이 여행은 추운 겨울에 계획하는 경우가 많을 터인데, 겨울은 비가 많은 계절이므로 커다란 우산도 하나 준비하면 요긴하게 쓰일 것이다.

대부분의 경우에는 우리나라 초여름 날씨에 맞는 옷차림이면 문제 없지만, 고도가 높은 곳을 올라갈 때에는 두터운 겨울용 외투가 필요하다. 마우이 정상 할레아칼라, 하와이 섬의 마우나로아와 마우나케아가 대표적 예이다. 이 산들은 각각 해발 3,000m와 4,000m가 넘는 고봉들이라 어린아이들은 장갑도 필요하다. 고도가 워낙 높다 보니 정상부의 기상은 시시각각 변해서 아무도 정확한 날씨를 예측할 수 없다. 그러니 추위에 견딜 옷가지뿐만 아니라 충분한 물을 준비해서 고산증에 대비하는 것이 좋다. 높은 지대에서는 몸동작을 느리게 하고 물을 자주 마시는 것이 고산증을 경감시키는 중요한 방책이다.

자동차 대여

전반적으로 물가가 비싸기로 소문난 하와이지만 자동차 대여만큼은 의외로 저렴하다. 렌터카 회사들 간의 치열한 경쟁으로 웬만한 미국의 다른 주보다 대여비가 저렴한 편이다. 하와이 여행에 대여 차량이 반드시 필요하냐고 묻는다면 나의 대답은 "예."이다. 와이키키와 호놀룰루 인근 지역은 걸어 다닐 곳도 있고, 여러 여행 관련 회사에서 셔틀을 제공하기 때문에 비교적 자동차가 덜 필요하다고 볼 수 있다. 하지만 와이키키에만 틀어박혀 있을 게 아니라면 여행에서 '기동력'은 여행의 성패를 가늠하는 1차 조건이라 할 수 있다. 오아후가 아닌 다른 섬이라면 더더욱 자동차는 필수이다.

자동차 대여를 하기로 했다면 어떤 차종을 선택해야 할지가 그 다음 문제이다. 화산이 만든 하와이에는 드넓은 미국 본토에서처럼 쭉쭉 뻗은 대로가 많지 않다. 울퉁불퉁한 비포장길도 많고 경사진 길도 많다. 여유가 된다면 사륜 구동형 차량을 운전하는 것이 편하지만 일반 승용차도 큰 문제는 없다. 대부분의 명승지 주변길은 포장이 되어 있는 상태며, 비포장이라 하더라도 일반 차량이 다니기에 아무 문제가 없다. 단지 구석구석 세밀한 여행을 할 경우나 험한 지형을 오갈 경우에는 사륜 구동형 차량이 필요하다. 웬만한 여행 일정으로 그런 곳까지 오갈 시간적 여유는 없을 듯하니, 경제적 여행을 계획한다면 여행자 수에 맞는 일반 승용차를 예약하면 된다. Alamo, Avis, Budget, Dollar, Enterprise, Hertz, National, Thrifty 등 세계적 렌터카 업체들이 모두 하와이에 들어와 있다. 마음에 드는 곳을 골라 인터넷 검색을 하면 된다.

택시, 셔틀, 버스

대여 차량을 예약한 상태라면 공항에 내려 바로 대여 회사로 가면 되겠지만, 어떤 이유에서건 택시나 셔틀이 필요하면 공항에서 바로 이용할 수 있다. 특히 택시는 공항 앞에서 디스패처(dispatcher)라고 하는 일종의 택시 도우미가 손님마다 친절히 택시를 배정해 준다. 교통 정체가 없으면 공항에서 호놀룰루 시내까지 15분 정도밖에 걸리지 않기 때문에 20~30달러 정도에 셔틀을 이용할 수 있다. 물론 미리 예약하는 경우 다소의 경비 절감이 가능하다. 오아후 에어포트셔틀(www.oahuairportshuttle.com), 와이키키 셔틀(www.airportwaikikishuttle.com), 아카마이 운송회사(Akamai Cab Company, 808-377-1379) 등 운송업체가 다수 있다.

호놀룰루 시내에서는 돌아다니는 택시가 많으니까 한국서 택시 잡듯이 눈치껏 이용하면 되고, 택시가 안 보여도 걱정할 것 없다. 택시 회사에 전화를 하면 10여 분 안에 택시가 태우러 온다. 외우기 쉬운 번호라 하나 적어 본다. 808-422-2222(The Cab). 이 회사를 선전할 의도는 전혀 없다.

버스 시스템은 하와이의 여러 섬들 중 오아후만이 제대로 갖추고 있다. 무지개가 둘러쳐진 이 버스 체계를 간단히 'The Bus'(www.thebus.org)라 부른다. 주정부 통계로 보면, 여행객의 약 30% 정도가 버스를 이용한다고 한다. 시내 곳곳에 시내버스 운행 스케줄이 붙어 있다. 자동차가 있더라도 버스에 올라 창밖으로 시내 구경을 하는 것도 나쁘지 않다. 요금은 2달러. 8번 노선은 호놀룰루와 알라모아나 쇼핑센터 간을 순환하는데, 약 10분 간격으로 버스가 배차된다.

다른 대도시와 마찬가지로 무궤도 전차 트롤리(trolley)도 있다. 제법 요금을 줘야 하는데(25달러), 정해진 루트를 따라 차내 설명을 들으면서 편하게 시내 유람을 할 수 있다. 하와이 트롤리를 직접 타 보지는 못했지만 다른 도시에서의 경험으로 볼 때 운전 기사의 재미난 설명과 함께 여유로움을 즐기다 보면 이내 오후 나절의 졸음이 몰려오게 된다.

교통과 운전

화산 지역인 하와이의 도로 체계는 미국의 여느 주들과 아주 다르다. 일단 화산 주변에 평지가 넓지 않고 비탈진 곳이 많기 때문에 하와이의 도로망은 일직선으로 펑펑 뚫린 대륙의 도로 교통 체계와 같을 수가 없다. 네모 반듯한 도로망에 익숙해 있다면 하와이 시내 도로망은 약간 혼란스러울 수 있다. 간선 도로의 이름이 구간마다 다르며, 심지어 같은 고속도로에도 구간에 따라 이름이 다르게 붙여진 경우도 있다. 하와이는 전형적인 미국식 도로망을 갖고 있지 않다는 점을 상기하고 운전해야 한다.

운전을 하다 보면 가파른 골짜기 길을 더러 만나게 되는데, 비가 내리는 등 시야가 어두울 때나 야간 운전 시에는 산비탈로부터의 낙석에 주의해야 한다. 길을 가다 보면 도로에 떨어져 있는 크고 작은 돌덩이들을 흔히 볼 수 있다. 흔한 경우는 아니지만, 갑작스레 세찬 비가 한동안 내리고 나면 토양

갑작스레 굵은 비가 내리고 나면 느슨해진 토양층이 키 큰 나무를 지탱하지 못해 나무가 통째로 도로 중간으로 쓰러지는 경우가 간혹 있다. 나무의 무게가 상당하여 어른 여럿이서도 도로 밖으로 치워 내기가 쉽지 않다. 대단히 위험하므로 가파른 계곡길에서는 두 배 세 배의 주의를 기울일 필요가 있다.

층이나 지반이 약해져 큰 나무들이 도로를 덮치는 경우도 있다. 연약한 화산 지역이다 보니 이런 이유로 산사태가 잦은 편이다. 밝은 대낮에도 갑작스럽게 일이 생기면 사고를 피하기가 어려운데, 만일 야간 운전 중에 이런 일이 생기면 대처하기가 힘들다. 계곡을 휘감고 도는 도로에서는 항상 급작스런 상황에 대비하는 것이 좋고, 특히 '낙석주의' 표지판이 있을 때는 즐거운 대화도 잠시 멈추고 주위를 한 번 더 살피면서 운전해야 한다.

일반적으로 오전 시간에는 와이키키나 호놀룰루로 향하는 차량 수가 많고, 반대로 오후 시간에는 호놀룰루에서 나오는 방향이 정체되는 편이다. 오후에 호놀룰루 공항에서 비행편을 이용할 사람은 충분한 시간을 두고 공항으로 향해야 한다. 안전 벨트 착용은 물론이고 어린아이가 있을 때는 반드시 어린이용 카시트를 이용해야 한다. 카시트가 없다는 이유로 경찰관이 차를 세울 수 있기 때문이다. 호놀룰루와 와이키키 지역은 수많은 사람들이 몰리는 여행지이기 때문에 도난 사건이 종종 일어난다. 즐겁게 여행을 마치려면 차 안에 귀중품을 넣어 둔 채로 돌아다니지 않는 것이 좋다.

또 어디나 마찬가지지만, 주차에 관한 한 규정을 잘 준수해야 한다. 동전을 넣는 주차 미터기, 시내 건물 주차장, 주차비를 받는 유적지, 대학 등 방문객이라 할지라도 한시적 주차권을 발급받아야 하는 경우 모두가 해당된다. 대부분 방문객용 주차권이 저렴하므로 부담이 크지는 않지만, 만일 주차 위반 티켓이 발급되거나 차바퀴에 '족쇄'라도 채워지면 불필요한 벌금도 벌금이려니와 여행의 분위기를 망치고 이를 해결하기 위해 시간을 허비해야 하는 등 손해가 이만저만이 아니다. 일반적으로 하와이 운전자들은 성격이 느긋한 편이어서 양보하는 경우가 잦다. 특히 네거리에서 방향을 바꾸기 위

주차 비용이 있는지 없는지 애매한 경우는 우선 확인을 하고 주차해야 후회가 없다. 경우에 따라서는 자동차 바퀴에 족쇄가 채워질 수 있다.

해 상대방이 오래 기다리겠다 싶으면 차를 멈추고 손짓으로 먼저 가라는 신호를 보내는 편이다.

태양 광선

하와이에 오자마자 '이국적'이라고 느끼는 것은 다름 아닌 태양빛이다. 저위도에 위치한 까닭에 계절에 관계없이 하와이의 해는 아주 높게 뜬다. 마치 손전등을 바닥에 직각으로 내리비치듯 하와이의 직사광선은 연중 따갑다. 그래서 자외선 차단제를 반드시 챙겨야 한다. 가급적 물에 견디는 방수 크림이면 더 좋다. 피부가 약한 사람, 볕에 잘 타는 사람은 바다에서 물놀이를 할 때에도 얇은 셔츠를 입는 것이 화상을 방지하는 길이다. 점심 시간에서 2시경까지는 직사광선의 세기가 가장 강할 때이므로 과다한 피부 노출을 자제해야 한다. 해변에서 선탠을 즐길 때에도 한 번에 20분 정도로 노출 시간을 잘 조절할 필요가 있다. 최소한 첫 이틀 정도는 말이다.

하와이에서 몇 년 살다 보니 주민과 여행객을 첫눈에 쉽게 구별하는 재주가 생겼다. 하와이에 사는 사람들은 대체로 피부가 그을려 있고 거친 경향이 있다. 나이가 든 사람이면 소금기 많은 바람에 주름이 깊게 져 있음을 볼 수 있다. 반면에, 하와이를 방문하는 사람들은 상대적으로 피부가 여리고 희끄무레한 느낌이 있다. 같은 한국 사람이라도 특히 서울과 같이 햇볕이 약한 도시에서 온 사람들의 피부는 짙게 그을린 하와이 주민들에 대비되어 유달리 눈에 띈다. 최소한 내 눈에는 말이다.

해안의 불청객

오래 전 영화 '조스'로 대표되는 해안의 상어 공포가 하와이에도 있는지 궁금할 것이다. 몇 년 하와이에 살면서 상어의 공격으로 사람이 다친 사례를 전해 들은 것은 한 차례? 아니면 두 차례? 아무튼 상어 출현으로 인한 피해는 거의 없는 편이다. 해안에 상어가 있기는 하지만 대부분은 사람을 해치지 않는 종류이다. 사람을 공격하는 상어는 보통 타이거 상어이며, 대개 서핑을 하다가 변을 당한다. 지난 10년 동안 발생한 상어 공격의 절반을 차지할 만큼 타이거 상어에 의한 피해 빈도가 높다. 최근 연구에 의하면, 해안에 뜸하게 출몰하는 타이거 상어의 습성은 사실 먹이를 구하는 하나의 전략이라고 한다. 즉, 사냥 대상 앞에 자주 나타나지 않음으로써 먹잇감이 자신의 출현을 예상치 못하게 한다는 것이다. 종전까지는 일출이나 일몰 시각 전후에 물에 들어가지 않는 것이 상어 공격을 피하는 한 방법으로 알려져 있었다. 하

하와이에서 상어로 인한 인명 피해는 아주 드문 편이다. 간혹 몇 년에 한 번씩 상어 공격으로 사람이 피해를 본 경우가 신문에 나기는 한다.

지만 타이거 상어에 의한 인명 피해의 60퍼센트가 오전 10시부터 오후 4시까지, 즉 사람들이 물놀이하는 전 시간대에 걸쳐 때를 가리지 않고 발생한 것으로 조사되었다.

확률적으로 볼 때 상어에 물릴 가능성은 매우 희박하지만 사람 일은 누구도 알 수 없는 법. 만일 상어와 맞닥뜨렸다면 어찌 대처해야 할까? 생각하고 싶지도 않지만 그래도 모르는 것보다야 낫지 않겠는가. 아무리 사나운 바다의 무법자라 하더라도 상어는 상어일 뿐이다. 즉 상어도 낯선 상대를 보면 겁을 내는 존재이다. 따라서 상어를 보면 우선 상어로부터 천천히, 유유히 헤엄쳐 나와야 한다. 물을 첨벙거리고 요란을 떨면 상어는 특이한 물고기, 즉 먹잇감으로 오인하게 된다. 상어의 공격은 특별히 시야가 흐린 탁한 물에서 잘 발생하는데, 그 이유는 움직이는 무언가를 견제하기 위해 조용히 다가

오는 상어가 잘 보이지 않기 때문이다. 그렇다고 물놀이를 안 할 수도 없는 일. 다만 탁한 물에서 수영을 즐길 때에는 이런 '과학적 상식'을 머릿속 한편에 구명조끼처럼 준비해 두는 것이 좋지 않을까.

해파리도 물놀이에 방해가 되는 존재이지만 오아후 섬 외에는 잘 나타나지 않는다. 이들은 달의 움직임에 따라 주기적으로 해안으로 밀려오며, 보름에서 열흘 정도 지났을 때 오아후 동남부 해안에서 많이 발견된다. 물놀이를 할 때 성게 때문에 다치기도 한다. 맨발로 성게를 밟거나 우연찮게 손으로 잡게 되면 날카로운 바늘이 피부에 박힌다. 그럴 경우 바늘을 모두 제거하고 응급 처치를 해야 한다. 물속에서 위험한 것들 중 또 하나가 산호초이다. 산호초는 매우 단단한 조직을 가지고 있고 그 끝이 아주 날카롭다. 물속 바닥에 친숙하지 않다면 가급적 수중에서 신는 신을 착용하는 것이 좋다.

벌레의 공격

연중 습하고 온화한 하와이에는 갖가지 벌레들이 함께 살고 있다. 그중 가장 흔한 것은 아무래도 모기이다. 처음 하와이에 이사 왔을 때 식구들은 모기에 참 많이 물렸다. 특히 집사람과 아들이 그랬다. 하와이 신참 가족임을 귀신같이 알고 그들도 '새로운 맛'을 즐겼던 것 같다. 한동안의 모기 헌혈을 거치면서 우리는 천천히 섬 환경에 적응되어 갔다. 물기가 많고 숲이 우거진 곳은 어김없이 모기가 판을 친다. 쉽게 뿌릴 수 있는 모기약을 항상 준비해야 한다. 특히 풀숲을 거닐거나 하이킹을 할 때에는 청바지 같은 긴바지를 입는 편이 안전사고를 줄이는 등 여러모로 좋다.

모기 외에 흔한 것이 벌이다. 해변에서 물놀이 후 야외 샤워를 하다 보면,

샤워 시설 근처에 벌들이 떼 지어 있는 것을 쉽게 볼 수 있다. 건조한 서쪽 해안에 보다 많은데, 벌을 쫓는답시고 팔을 휘두르거나 발로 밟으려 한다면 오히려 역효과가 난다. 벌들의 수가 적은 때를 골라 천천히 물을 틀고 의연히 몸을 씻고 나오면 큰 탈이 없을 것이다.

또 하나의 불청객은 터마이트(termite)라고 하는 벌레이다. 우리말로는 보통 '흰개미'로 번역되지만, 정작 개미도 아니고 희지도 않다. 몸은 주로 검붉은 색을 띤다. 개미와는 전혀 다른 종류로, 나무를 갉아먹기 때문에 가옥 전체를 상하게 할 만큼 그 피해가 막대하다. 마른 곳을 싫어하는 습성으로 인해 플로리다, 캘리포니아, 하와이 같은 덥고 습한 지역에 널리 퍼져 있다. 하와이의 경우, 매년 봄철 저녁 식사 때가 되면 어김없이 나타나 사람들을

하와이에서 문제가 되는 터마이트를 처리하기 위해 한 해충 퇴치 전문 회사가 가옥 하나를 통째로 천막으로 둘러쌌다.

괴롭힌다. 길쭉한 날개를 달고 집 안으로 들어와, 두 날개를 툭 떨어뜨리고 바닥으로 내려앉은 후 활동을 개시한다. 나무 속에 집을 짓고 엄청난 수의 군집을 이루기 때문에 수시로 약을 뿌려 박멸해야 한다. 나무를 갉아먹는 위력이 매우 대단하므로, 집을 사고팔 때는 꼭 터마이트 처리 문제를 확인하고 거래를 해야 한다. 워낙 흔한 해충인 탓에 길을 가다 보면 무슨 서커스 특설 무대처럼 집 전체를 천막으로 뒤집어 씌운 것을 어렵지 않게 볼 수 있다. 터마이트 박멸을 위해 집 전체를 하루 이틀에 걸쳐 소독하는 것이다.

기타 준비물

일반적으로 하와이에 여행 오면서 챙겨야 할 물건들을 다시금 정리해 본다. 방수 자외선 차단체, 수영복, 슬리퍼, 가벼운 운동화, 등산화(산행, 하이킹 등과 무관한 분들은 생략해도 된다), 스노클링 장비, 디지털 사진기(다운로드할 랩탑, 수중 촬영용 액세서리 등과 함께), 우산, 모기약, (보온) 물통, 재킷(하와이의 밤도 제법 쌀쌀하다), 허리백(각종 잡동사니들이 허리춤에 있으면 편할 때가 많다), 연고 등 구급약, 작은 배낭, 모자, 지도 및 여행 안내서, 그리고 다소의 탐험 정신과 여유로운 마음가짐!

오아후 섬

오아후는 하와이 주에서 인구가 가장 많이 밀집되어 있고, 주도인 호놀룰루가 있으며, 정치 · 경제 · 문화의 중심으로서 명실상부한 하와이의 심장부

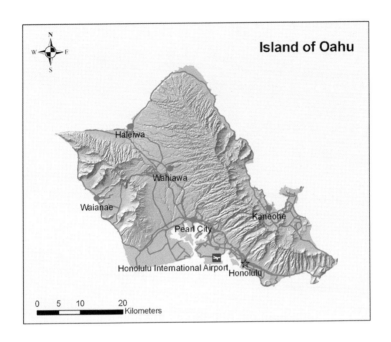

다. 오아후의 주요 관광 지역은 크게 세 군데로 요약할 수 있다. 하와이의 중심이자 세계적 휴양지인 호놀룰루 및 동부 지역이 첫 번째이고, 두 번째는 태평양 전쟁의 기억이 생생한 진주만 일대, 그리고 수려한 해변과 서핑의 중심지인 북부 해안이 세 번째이다. 여기서는 공항에 내려 처음으로 들를 호놀룰루 지역과 인기 있는 북부 해안 지역에 주안점을 두고 살펴보기로 한다.

호놀룰루 지역

태평양 교통의 중심지인 호놀룰루는 비싼 물가에도 불구하고 세계에서 가장 살기 좋은 도시 중 하나로 늘 거론되는 곳이다. 휴양에 필요한 모든 것이

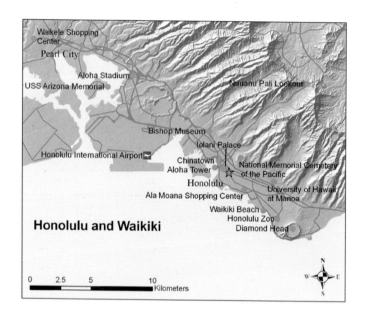

주위에 있다. 셀 수 없이 많은 호텔과 리조트 시설, 오만 가지 기호를 맞춰 줄 식당가, 따가운 햇살을 피해 눈요기하기에 더할 나위 없는 쇼핑몰, 휴가를 더욱 들뜨게 하는 세계 각국의 젊은이들, 그리고 눈부신 해변. 매년 수백만 명의 관광객이 몰리는 와이키키는 언제 찾아도 따뜻하고 깨끗하다. 와이키키! '용솟음치는 물'이란 뜻이다. 와이키키는 각국에서 모인 관광객들의 열정과 깨끗한 바닷물, 그리고 햇살이 뒤섞여 용솟음치는 곳이다. 여행객이 뿌리고 가는 돈으로 먹고사는 곳이니만큼, 북적거리는 관광지임에도 너저분한 곳을 찾아보기 힘들 정도로 잘 관리하고 있다.

와이키키를 가로지르는 칼라카우아 도로가 끝나는 해변가에는 대형 공연장이 설치되어 각종 음악과 야외 쇼가 자주 벌어진다. 플라스틱 컵에 시원한

❶ 와이키키 백사장의 서쪽이다. 동쪽에 비해 잔디밭이 없고 호텔·리조트와 바로 붙어 있어 해변이 호텔의 뒤뜰처럼 느껴진다. ❷ 와이키키 백사장 동쪽에서 본 리조트촌의 모습. 물놀이에 지치면 야자 수 그늘에 타월 한 장 깔고 누워 간식을 먹어도 좋고 책을 읽어도 좋다. ❸ 와이키키 주변의 상업 지 역에는 평평한 땅이 많지 않다. 높은 지가를 반영하듯 고층 빌딩들이 즐비하다. ❹ 와이키키에 오면 해질 무렵 바다를 배경으로 한 와이키키의 노을을 놓쳐서는 안 된다. 그야말로 눈부신 광경이다.

거품까지 채운 맥주 한 잔을 들고 음악에 따라 몸을 움직이다 보면 '내가 낙원에 왔구나' 하는 생각이 절로 든다. 끊임없이 오가는 차들을 보면 알겠지만 주차가 항상 용이치만은 않다. 여러 수준의 숙박 시설이 주위에 많이 있는데, 와이키키 해변에서 즐기는 동안은 가급적 해변 가까이 숙소를 잡는 것이 편하다. 그냥 젖은 몸에 큼지막한 비치 타월을 걸치고 필요에 따라 백사장과 숙소를 쉽게 오가면 주차 문제도 없어지고 시간도 절약할 수 있다. 그렇다고 바다가 바로 아래로 보이는 최고 전망을 가진 호텔을 말하는 게 아니다. 물에서 나와 도보로 왕복 가능한 거리 안에 많은 숙박업소가 있다. 어차피 방 안에서 유리창 너머로 구경만 하고 있을 바다가 아니지 않은가.

와이키키 시내는 낮 시간보다 밤 시간이 한결 북적이고 화려하면서도 활

와이키키에 해가 지면 거리마다 관광객들을 위한 다양한 거리 공연이 펼쳐진다. 한 거리 공연가가 기타며 드럼, 피리 등으로 음악을 선사하고 있다.

동적이다. 곳곳에 마임쇼, 비보이쇼, 아코디언쇼 등 거리 공연이 벌어진다. 하루 일과를 마치고 목을 적시러 나오는 사람들을 비롯해 더운 낮 시간을 피해 있던 관광 인파가 거리로 쏟아져 나온다. 현란한 음악과 눈부신 와이키키의 노을을 보면서 저녁을 먹어도 좋고, 그럴 듯한 바에 들러 와인이나 칵테일을 한잔 걸쳐도 그만이다. 천천히 걸으면서 산책도 할 겸 자기 전에 한두 시간 시내 야경을 돌아보는 것도 좋다.

아이가 있으면 와이키키 해변을 나와 낮 시간에 잠시 걸어서 호놀룰루 동물원을 방문하는 것도 유익하다. 밖에 나오면 유난히 벌레나 모기에 쉽게 물리는 아이나 어른이 있다. 와이키키 관광지에는 ABC 스토어라는 편의점이 곳곳에 널려 있다. 충분한 식수, 군것질거리나 점심거리, 그리고 벌레에 물렸을 때 바르거나 뿌리는 약을 잊지 말고 챙기기 바란다. 동물원에 들어가서 해결해도 되지만 바로 필요할 때 찾아가 사기도 번거롭고 가격도 다소 비쌀 수 있다.

동물원을 지나 동쪽으로 보면 와이키키의 아이콘이라 할 수 있는 다이아몬드헤드(Diamond Head)라 불리는 화산 분화구가 있다. 지구 상의 분화구들을 통틀어 가장 많이 카메라에 잡힌 분화구이다. 제주도 신혼여행에서 본 성산 일출봉을 연상시킨다. 사실 형성 과정도 비슷하다. 해안 가까이 물이 많은 곳에서 용암이 터져 나오면 뜨거운 용암과 물이 섞여 폭발력을 더한다. 화산 폭발로 날아오른 물질들이 화산 분화구 주위에 쌓여 마치 링(ring)이나 콘(cone) 형의 화산 지형을 만들게 된다. 성산 일출봉이나 다이아몬드헤드 모두 해안에 형성되었고, 가파른 경사의 콘 모양으로 만들어진 점도 비슷하다. 분화구 위에 올라 내려다보는 태평양이 가슴을 확 트이게 하고, 차가운

하늘에서 본 다이아몬드헤드. 해안
가에서 분출한 화산체로 와이키키의
중요한 아이콘이다.

와이키키 해안에서 바라본 다이아몬
드헤드.

오아후에서 최고로 인기 있는 하나우마베이 공원.
하나우마베이의 물속은 스노클링으로 쉽게 들여
다볼 수 있다. 청정 해역으로 산호초와 어울려 물
고기들이 떼 지어 논다. 하나우마베이는 스노클링
을 위한 하와이 최고의 해변이다.

물이라도 한 모금 할라치면, 캬! 누구라도 텔레비전 광고 모델이 될 성싶다.

이어지는 일정으로 몸이 나른하더라도 다시 오기 힘든 휴가란 점을 상기하고 일찍 일어나 보자. 하나우마베이 보호 지역(Hanauma Bay Natural Preserve)은 게으른 사람이 가기 힘든 곳이다. 매일 정해진 수의 여행객들만 입장시키고 그 수가 차면 'CLOSED'란 팻말을 세워 놓고 아무도 들여보내지 않는다. 무조건 일찍 가야 한다. 철저한 보호 정책으로 산호초, 천연색 열대어, 쪽빛 바다가 자연 그대로 살아 있어 물놀이를 위한 최고의 해양 공원으로 인정받고 있다. 산호초가 있다는 말은 물살이 적절히 조절되고, 다량의 먹이가 모여 있고, 필요에 따라 피신처가 제공되어 물고기가 잘 모인다는 말

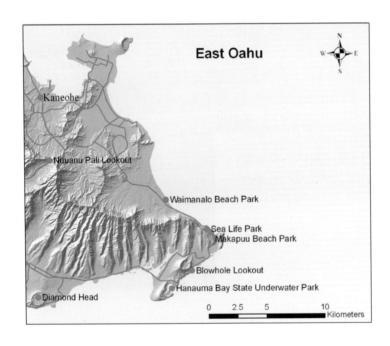

블로우홀 전망대 주위에 보이는 화산재 층(왼쪽)과 구멍난 돌 틈으로 파도가 솟아오르는 블로우홀(오른쪽).

이다. 수심이 얕아도 수천 마리 물고기 떼들이 함께 수영하는 하와이 최고의, 아니 세계 최고의 스노클링 포인트일 것이다.

해안을 일주하는 72번 도로를 따라 계속 동진하다 보면 섬 동단 어귀에 이르는데, 여기에 최근 화산 분출의 잔재가 있다. 코코 분화구(Koko Crater)가 그 한 예이다. 블로우홀 전망대(Blow Hole Lookout)에 들러 차를 세우고 주위를 둘러보면, 화산 폭발로 날린 화산재가 층을 만들며 쌓여 굳은 모습이 해안에 고스란히 남아 있다. 화산재 층을 자세히 들여다보면 허연 산호 잔해들이 군데군데 박혀 있다. 해안의 화산 폭발과 함께 날아올랐다 떨어져 쌓인 것임에 틀림없다. 블로우홀은 말 그대로 파도가 해변에 들이쳐 용암이 만든 큰 구멍을 통해 분수처럼 물이 솟아오르는 곳을 말한다. 파도가 힘차게 밀려올 때는 그만큼 물줄기가 높이 솟아올라 자연이 선사하는 장관에 잠시 감탄하게 된다.

길게 늘어선 와이마날로 비치의 전경. 백사장의 길이가 길어서 그런지 해변을 거니는 사람들이 드문 드문 흩어져 있다.

섬 동단을 돌아가자마자 왼편으로 시라이프 파크(Sea Life Park)라는 해양 공원이 있고, 오른편으로는 오목하게 생긴 마카푸우 비치(Makapuu Beach)가 있다. 연이어 널찍한 해변이 하나 더 나오는데, 이것이 와이마날로 비치(Waimanalo Beach)다. 이곳은 널찍하면서도 생각보다 한산하여 아이들이 놀기에 적당하다. 와이키키를 출발해서 배도 출출할 즈음 후덥지근한 땀을 식힐 겸 머물다 가기에 좋다. 늘 그렇듯이 자외선 차단제를 충분히 바르고 화상을 비롯한 휴가 후유증에 미리 대비해야 한다.

물놀이가 지겨워졌으면 다시 도로를 따라가다가 호놀룰루 방향 팔리 하이웨이로 차를 돌린다. 산을 굽이굽이 오르다 보면 유달리 바람이 심해 바람

오아후의 산맥이 뚝 끊어진 사이로 하와이 최강의 바람을 맞을 수 있는 누우아누팔리 전망대에서 바라본 해안가.

맞는 곳으로 유명한 누우아누팔리 전망대(Nuuanu Pali Lookout)로 가는 길을 만난다. 잠시 한눈을 팔면 진입로를 놓치고 한참을 되돌아와야 하니 전방을 예의 주시해야 한다. 지도를 보면 오아후의 산맥은 동남쪽으로 뻗어 내려가는데, 유독 이 지점에서 산줄기가 뚝 끊어져 바람이 모여드는 구조를 하고 있다. 전망대에 올라 세찬 바람도 맞고 멀리 해안가를 뒤돌아보노라면 어느새 묘한 서글픔이 찾아든다. 이 좋은 전망의 뒷그늘에는 그 옛날 하와이를 통일한 카메하메하 대왕과 그의 라이벌 부족장 간의 전쟁 역사가 있다. 죽이지 못하면 죽어야 했던 전투에서 수천 명의 전사들이 이곳 절벽 아래로 떨어져 운명을 달리해야 했다. 와이키키를 아침에 출발하여 섬 동남쪽 꼬리 부분

그 옛날 하와이 부족 간의 치열한 전투에서 무기로 쓰던 물건들. 단단한 목재 재질 손잡이 위로 홈을 파서 날카롭게 간 동물의 뼈를 박아 넣어 공격용 무기로 만들었다.

을 반시계 방향으로 돌았다면 이때쯤 대충 해가 넘어갈 시간이 된다. 내일을 위해 다시 숙소로 돌아와 저녁 메뉴를 생각할 때이다.

호놀룰루 시내 관광

하루쯤 느슨하게 호놀룰루 시내 관광을 하는 것도 괜찮다. 호놀룰루 시내에는 옛 하와이 왕조의 자취를 물씬 풍기는 몇몇 건물들이 보기 좋게 남아 있다. 옛 왕족이 기거했던 이올라니 궁전(Iolani Palace)이 눈에 들어온다. 현재 일반인에게 공개되어 있으며, 엄청나게 큰 보리수나무 등으로 꾸며진 정원이 일품이다. 미국에 유일하게 존재하는 궁전으로, 하와이 왕조 시대의 대표적 유적이다. 주변의 현대식 건물과 대비를 이루며 관광객의 발걸음을

호놀룰루 다운타운에 위치한 이올라니 궁전. 하와이 왕조의 왕족들이 기거했던 궁전으로 잘 꾸며진 정원이 일품이다. 길 건너편에는 카메하메하 동상이 서 있다.

유도한다. 길 건너편으로는 하와이 왕조를 통일한 카메하메하 대왕의 동상이 환하게 서 있다. 언제나 관광객들로 붐비는 장소며, 동상은 늘 꽃목걸이로 장식되어 있다. 프랑스 파리로부터 주문 제작되어 온 이 동상은 사실 오리지널이 아니다. 처음 제작된 동상은 운반 도중 배가 침몰되어 바다 속에 가라앉고, 두 번째로 주문된 것이다. 첫 번째 동상은 인양되어 왕의 출생지인 하와이 섬 북부 하위(Hawi)에 세워져 있다.

우리나라 근대사에서 하와이와 깊은 관계를 가졌던 초대 대통령 이승만의 광복 전 활동 무대였던 한인기독교회 건물도 시내에 위치해 있다. 조국의 해방과 독립을 위한 해외 본거지 역할을 했던 한인기독교회는 한국 정부의 보조를 받아 2006년 재건축을 마쳤으며, 민족 교회임을 상징하는 의미에서 서

2006년 재건축한 호놀룰루 소재 한인기독교회의 모습. 민족 교회로서의 상징성을 부여하기 위해 서울에 있는 광화문의 모습을 본떠 지었다고 한다.

울 광화문의 건축 양식과 유사한 모양으로 지어졌다.

　태평양 전쟁과 관련된 유적지로는 시내에서 가까운 태평양 국립묘지 (National Cemetery of the Pacific)가 있다. 화산 활동이 없는 사화산의 분화구 지역에 만들어졌기 때문에 보통 펀치볼 국립묘지로 불린다. 이곳에는 제2차 세계 대전, 한국전, 월남전 등에 참전했던 미군 전사자들이 잠들어 있다. 또 유명한 곳이 진주만에 세워진 전쟁 기념관이다. 1941년 일본군의 진주만 공습으로 침몰한 전함 애리조나의 이름을 따서 애리조나 기념관 (Arizona Memorial National Park)으로 부른다. 시간이 많이 소요되므로 아침 일찍 가야 한다. 같은 날 섬을 일주할 계획이라면 생략하는 것이 좋다.

하와이 서핑의 메카, 오아후 북부 해안

　H2 고속도로와 카메하메하 도로를 따라 북쪽으로 한참 가다 보면 돌 플랜테이션(Dole Plantation)이란 파인애플 농장이 있다. 세상에서 가장 크다는 미로가 여기에 있다. 기네스북에도 올랐던 이 미로는 화려한 하와이 식물들과 파인애플로 만들어진 연장 4km의 규모를 자랑한다. 농장과 파인애플의 역사를 자세히 듣고 싶으면 파인애플 익스프레스(Pineapple Express)라는 기차에 올라 20분간 농장을 돌아봐도 된다. 하와이에 파인애플이 언제부터 재배되었는지에 대한 정확한 기록은 없지만, 하와이 파인애플 산업은 농장 이름이 예시하듯 제임스 돌(James Dole)이란 사람에 의해 시작되었다. 농

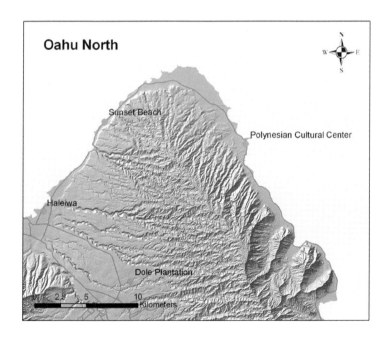

돌 플랜테이션이 자랑하는 세계 최대 규모의 미로. 정해진 장소들을 최단시간 내에 찾아 탈출하는 사람에게는 소정의 선물도 있다.

장에 진동하는 달콤한 향기에 입이 심심해졌다면, 세계적 브랜드가 된 돌휩(Dole Whip) 아이스크림을 맛봐야 한다.

북부 해안에 닿게 되면 높은 파도와 함께 서핑을 즐기는 서핑족들을 흔히 보게 된다. 특히 겨울이면 세찬 파도가 일어 세계적인 서핑 대회가 자주 열린다. 여기저기 소금을 뿌려 놓은 듯 밝고 고운 백사장들이 햇빛을 반사해 더더욱 눈길을 끈다. 도로변에 연신 차를 주차해 놓고 바닷가를 오가는 행락객들이 비일비재하며, 좁은 해안 도로에 교통량이 많아지면 예상치 않은 정체도 나타날 수 있다. 선셋 비치(Sunset Beach)는 개중 가장 잘 알려진 북부 해안의 해변이다. 계절과 날씨에 따라 변동이 있긴 하지만 파도가 높고 거친 경우가 있으니 주의할 필요가 있다. 서퍼라면 이곳에 들러 서핑보드에 몸을

폴리네시안 민속촌에서는 다채로운 행사들이 진행된다. 나뭇가지 등을 이용해 옛날 방식으로 불을 피우는 방법을 가르쳐 주는 실습 시간도 있으며(왼쪽), 과거 하와이 인들의 야자수 타는 모습을 재현해 보여 주기도 한다(오른쪽).

맡겨 보는 것도 좋다. 당일 내로 민속촌까지 돌아오려면 눈요기만 하고 통과해야 한다. 해안길에는 한두 군데 새우를 선전하는 입간판이 있다. 여기 북부 해안에서 이름난 것이 새우 요리이므로 한 접시 맛보는 것도 괜찮다.

오아후에 왔다면 폴리네시안 민속촌(Polynesian Cultural Center) 방문은 필수이다. 이 민속촌은 폴리네시안 문화를 세계에 알리고 문화적 유산을 보존할 목적으로 만들어진 비영리 단체이다. 하와이, 피지, 사모아, 타히티, 뉴질랜드, 통가 등 각 지역 출신 학생들이 봉사 활동을 하기도 하는 태평양 문화의 산 교육장이며, 각 지역의 학생들이 외지로 나와 공부할 수 있도록 장학금을 지원하기도 하기 때문에 입장료를 내는 것이 값진 공헌을 하는 셈이다. 각 부족별 공연이 마련되어 있고, 옛 일상생활 체험, 공예품 만들기, 전
.

통 예식, 놀이, 문신 만들기 등 다채로운 활동이 진행된다. 매일 밤 열리는 나이트쇼에서도 각종 춤과 노래, 불쇼 등이 펼쳐진다.

폴리네시안 민속촌을 제대로 보자면 1박 2일은 투자하는 게 좋다. 그럴 여유가 없는 사람들은 가장 관심이 가는 지역부터 우선순위를 두고 일정을 잡는 것이 효과적인 문화 체험의 한 방법이다. 사실 호놀룰루 시내 관광을 시작으로 북부 해안을 거쳐 폴리네시안 민속촌까지 둘러보고 다시 호놀룰루나 와이키키로 돌아가는 일정은 시간상 힘에 부칠지도 모른다. 그렇지만 가장 보고 싶은 것 두어 가지를 골라 부지런을 떨면 고되기는 해도 안 될 것도 없다. 시간적 여유가 있는 사람들은 폴리네시안 민속촌에 늦게 당도했더라도

폴리네시안 민속촌에서는 부족별로 공연이 나뉘어져 진행된다. 민속촌 내부를 흐르는 개천을 따라 선상 공연이 이어지는데, 관람객은 개천 양쪽에 앉아 사진도 찍고 박수도 치면서 공연을 즐긴다.

혹등고래 구경의 백미는 수면 위로 육중한 몸이 솟구쳐 오르는 그 순간을 포착하는 것이다.

일부를 구경하고 인근에서 숙박을 한 다음, 다음 날 다시 가서 여유롭게 나머지를 구경해도 된다. 민속촌의 티켓은 구매 당일부터 사흘까지 유효하기 때문에 재입장에 문제가 없다.

매년 겨울철이면 이메일을 통해 고래 구경(whale watch)을 미리 예약하라는 상업용 선전물이 많이 날아든다. 12월부터 이듬해 봄까지가 북쪽 해안에 육중한 혹등고래(humpback whale)가 모여드는 철인 탓이다. 고래는 허파로 숨을 쉬는 포유류이다. 숨을 쉬기 위해 물 위로 솟구쳐 올라 분수 같은 물을 뿜고는 이내 큰 물자국을 남기고 바다 속으로 첨벙 들어가는 장관은 오래도록 여운이 남는다. 하와이의 혹등고래는 이 지역 바다 생태계에서 중요한 역할을 할 뿐만 아니라 하와이를 상징하는 아이콘으로서 이곳 문화의 중요한 일원이다.

기타 볼거리와 쇼핑

호놀룰루에도 소규모지만 중국 특유의 물건들이 즐비한 차이나타운이 있다. 미국 다른 도시에도 차이나타운이 여럿 있어서, 이미 다른 곳을 다녀 본 사람이라면 굳이 시간을 투자하지 않아도 된다. 옛 항구의 관문 노릇을 했던 알로하 타워(Aloha Tower)가 주요 쇼핑지인 알라모아나에서 바다 쪽으로 얼마 가지 않아 있다. 주위에 각종 식당, 상점, 사무실 등이 많고, 길 건너 바닷가에는 맛 좋은 맥주 브루어리가 있다. 독일식 진한 맥주가 생각나면 해변가 주차장에 차를 세우고 들르면 된다. H1 고속도로에서 리케리케 하이웨이로 넘어가다 보면 비숍 박물관(Bishop Museum)이 있다. 하와이의 자연 역사, 고대 문화 역사, 그들이 남긴 유물, 천문 관련 전시물 등 테마별 전시장이 마련되어 있다. 입장료를 절약하려면 할인 쿠폰을 찾아보자. 공항에서부터 거리 곳곳까지 무료로 진열되어 있는 여행 안내서에는 각종 정보, 지

공항에서부터 무료로 진열되어 있는 여행 안내서. 각종 정보, 지도, 쿠폰 등이 가득하다.

도, 쿠폰 등이 가득하다.

　대도시를 여행하면서 빠뜨리면 섭섭한 것이 쇼핑일 것이다. 와이키키에서 가 봐야 할 곳이 알라모아나 쇼핑센터(Ala Moana Shopping Center)이다. 와이키키 동쪽에 숙소가 있다면 걸어서 가긴 꽤 멀다. 주차 시설이 잘 되어 있으므로 운전을 해서 가도 되고, 시내를 돌아다니는 셔틀버스를 이용해도 된다. 알라모아나 센터는 명실공히 하와이 최대의 쇼핑몰이다. 대여섯 개의 백화점이 한곳에 들어서 있고, 다양한 국적의 식당과 찻집도 즐비하여 몇 시간이고 그 안에서 시간을 보낼 수 있다. 중앙 스테이지에서는 춤과 노래를 곁들인 공연이 쇼핑객들을 위해 자주 진행된다. 와이키키 시내에서 갈 만한 다른 쇼핑 코스는 DSF 갤러리아 면세점이다. 와이키키 중심가쯤에 있는 로열하와이안 애비뉴(Royal Hawaiian Avenue)와 쿠히오 애비뉴(Kuhio Avenue)가 만나는 지점에 위치해 있다. 알다시피 면세점에서 물건을 구입하려면 국제선 항공권을 가지고 있어야 한다. 세계적으로 인기 있는 명품 브랜드 물건들이 대거 들어와 있고 의류, 가방, 신, 화장품, 액세서리, 주류 등 일반적으로 면세점에서 취급하는 모든 종류의 물건들을 볼 수 있다. 시내에서 면세점까지 데려다 주는 셔틀버스가 수시로 운행되고 있다. 좀 더 저렴한 아울렛 매장으로는 와이켈레 쇼핑센터(Waikele Shopping Center)가 있다. H1 고속도로를 타고 30여 분간 서진하다 보면 오른쪽으로 길 안내가 나온다. Exit 7번으로 빠지면 와이켈레 쇼핑센터가 가슴 설레는 쇼핑객을 기다린다. 질 좋은 브랜드 상품을 할인 가격으로 살 수 있고, 단층으로 지어져 있기 때문에 오르락내리락하는 일 없이 개개 매장을 여유롭게 돌아볼 수 있는 장점이 있다.

여행을 하다 보면 음식 때문에 즐겁고 반대로 괴로운 경우가 있게 마련이다. 어린아이들은 별문제가 없지만 어른들을 모시고 여행할 때는 한식당을 찾아야 할 경우가 있다. 다행히 호놀룰루와 와이키키 지역에는 갈비집, 일반한식집, 냉면집, 횟집, 주점, 순두부 식당, 중국집 등이 다수 영업하고 있어 선택의 폭이 넓다. 식당에 따라서는 새벽까지 영업을 하기도 하며, 한국인이 즐기는 노래방 시설을 갖춘 곳도 있다. 이 지역 한인업소의 전부를 망라한 것은 아니지만 인터넷이나 전화를 통해 필요한 정보를 얻을 수 있도록 와이키키와 호놀룰루 지역에 있는 한인업소의 이름, 주소 및 연락처를 열거해 보기로 한다(166-167쪽 지도에서 위치를 확인할 수 있다).

1. 개성냉면집(655 Keeaumoku Street #108, Honolulu, 808-955-1900)
2. 고려원(1625 Kapiolani Blvd. Honolulu, 808-944-1122)
3. 뉴 엘림분식(130 Liliuokalani Ave. Honolulu, 808-922-4911)
4. 동백부페(930 McCully Street, Honolulu, 808-951-0511)
5. 동선각(1403 S. King Street, Honolulu, 808-941-5858)
6. 미가원(2345 Kuhio Ave. Honolulu, 808-924-3277)
7. 북경반점(915 Keeaumoku Street, Honolulu, 808-941-9112)
8. 서라벌(805 Keeaumoku Street, Honolulu, 808-947-3113)
9. 서울가든 야끼니꾸(1679 Kapiolani Blvd. Honolulu, 808-944-4803)
10. 서울정(130 Liliuokalani Ave. Honolulu, 808-921-8620)
11. 소공동 순두부(1960 Kapiolani Blvd. Honolulu, 808-946-8206)
12. 수원 왕갈비 미가원(1726 Kapiolani Blvd. Honolulu, 808-947-5454)
13. 신라원(747 Amana Street, Honolulu, 808-944-8700)
14. 안동반점(1499 S. King Street, Honolulu, 808-947-9444)
15. 야끼니꾸 서울(1521 S. King Street, Honolulu, 808-944-0110)

16. 야끼니꾸 카멜리아(2494 S. Berentania Street, Honolulu, 808-944-0449)

17. 야나기 스시(762 Kapiolani Blvd. Honolulu, 808-597-1525)

18. 왕두꺼비집(1604 Kalakaua Ave. Honolulu, 808-951-9370)

19. 웰빙 죽집(911 Keeaumoku Street, Honolulu, 808-946-3377)

20. 유천 칡냉면(825 Keeaumoku Street, Honolulu, 808-944-1744)

21. 이가네 춘천닭갈비(1269 S. King Street, Honolulu, 808-593-4499)

22. 자갈치 식당(1334 Young Street, Honolulu, 808-593-8830)

23. 작은 서울(808 Sheridan Street, Honolulu, 808-946-3800)

24. 종가집(512 A Piikoi Street, Honolulu, 808-596-0008)

25. 지나바베큐(2919 Kapiolani Blvd. Honolulu, 808-735-7964)

26. 초이스가든(1303 Rycroft Street, Honolulu, 808-596-7555)

27. 토다이(1910 Ala Moana Blvd. Honolulu, 808-947-1000)

   *한식집은 아니지만 사람들이 많이 찾는 뷔페 식당이라서 함께 열거한다.

28. 토호(815 Keeaumoku Street, Honolulu, 808-941-4888)

29. 형제식당(636 Sheridan Street, Honolulu, 808-591-1827)

30. 호놀룰루 북창동 순두부(1518 Makaloa Street, Honolulu, 808-953-2299)

31. Aina Moana State Recreation Area

32. Ala Moana Shopping Center

33. Ala Wai Golf Course

34. Blaisdell Center Concert Hall

35. Hawaii Conventional Center

36. Kahanamoku Lagoon

37. Old Stadium Park

38. University of Hawaii

39. Walmart

※ yp.koreadaily.com에서도 일부 하와이 한인업소 정보를 찾아볼 수 있다.

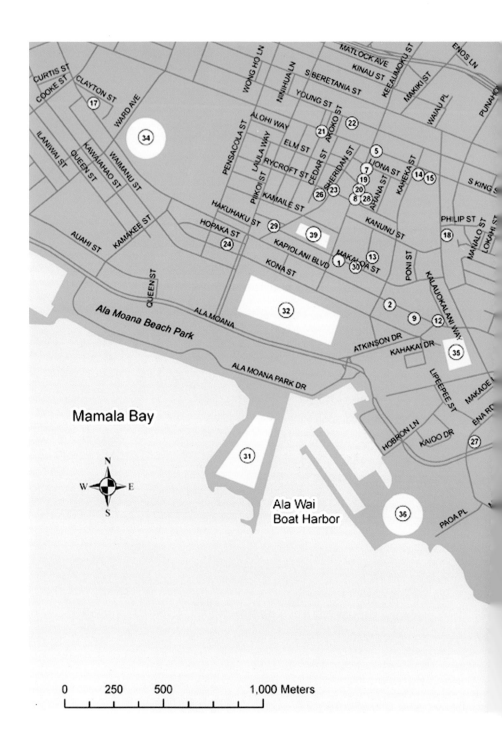

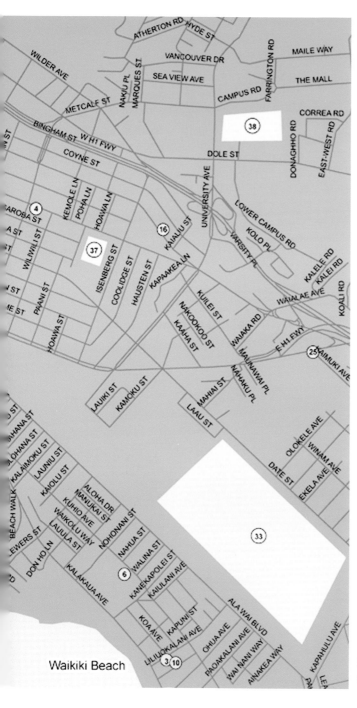

호놀룰루와 와이키키 지역의
한인업소 위치.

마우이 섬

  하와이에 거주하는 사람들, 그리고 외지에서 하와이를 방문하는 사람들을 망라해 여행 대상지로 가장 선호하는 섬을 꼽으라면 아마도 마우이가 되지 않을까 싶다. 우리나라에서도 요즘 신혼여행지로 주목 받고 있는 마우이는 비교적 편하게 놓여진 도로망, 3,000m가 넘는 산을 품고 있는 국립 공원, 셀 수 없이 많은 백사장, 편리한 쇼핑 시설, 개발의 손이 닿지 않은 천연의 멋, 고급스런 리조트 시설, 신선하고 풍부한 먹을거리 등 다양한 아이템들이 조화를 이뤄 누구나 다가갈 수 있는 장점을 지니고 있다.

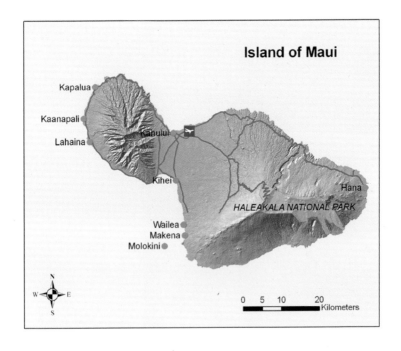

School of Ocean and Earth Science and Technology에서 제작한 해저 지형도. 과거 빙하기 해수면
이 지금보다 훨씬 낮았을 때에는 현재 가장 큰 하와이 섬보다도 넓은 '슈퍼 마우이' 가 물 위로 드러나
있었다. 이를 마우이누이(Maui Nui)라고 하며, 노란색 선이 그 해안선이다.

   어찌 보면 마치 조롱박처럼, 또 어찌 보면 쓰러진 눈사람 같아 보이는 마
우이 섬은 사실 마지막 빙하기의 끝무렵이던 2만 년 전까지만 해도 주위의
몰로카이, 라나이 섬과 이어져 제법 큰 면적을 지니고 있었다. 지질 역사를
거슬러 올라가면, 약 120만 년 전 해수면이 지금보다 훨씬 낮았을 때에는 마
우이를 비롯한 주위의 네 개 섬이 모두 이어져 지금의 최대 섬인 하와이 섬
보다도 큰 섬을 이루고 있었다. 이를 '큰 마우이' 라 해서 하와이 말로 마우
이누이(Maui Nui)라고 부른다.

현재의 마우이는 지형적으로 서부와 동부에 각각 산봉우리를 가지고 있으며, 중앙부는 지대가 낮고 평탄해서 농업 활동이 주를 이룬다. 이렇게 서부와 동부를 가르는 저지대 특성 때문에 사람들은 마우이를 '계곡 섬(Valley Isle)' 이라 부른다. 앞으로 해수면이 오르고 섬 자체가 점차 침강하게 되면 이 저지대가 물속에 잠기면서 양쪽의 두 섬으로 나누어질 것이다. 마우이는 중부, 서부, 남부, 남동부, 북동부, 그리고 할레아칼라 국립 공원 등 6개 지역으로 나눌 수 있는데, 여기서는 여행객들이 자주 찾는 5개 지역에 대해 얘기해 보고자 한다.

쇼핑과 음식 - 중부

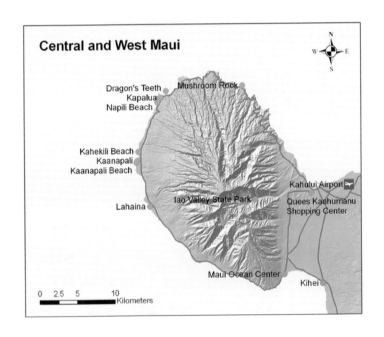

마우이 키헤이 지역에 있는 한 음식점에 들러 저녁을 즐겼다. 하와이에서 나는 생선과 해물로 요리된 메뉴였는데 생각보다 양이 많아 식구 모두 과식했던 기억이 있다.

비행기를 타고 카훌루이 공항에 내리면 마우이의 진입로라 할 수 있는 중앙 길목에 도착한 것이다. 마우이 내 어디로 가든 이 지역을 거치게 되고, 서양 식단에 지쳐 한식 메뉴가 그리울 때 한국 식당을 찾을 수 있는 곳도 이 지역이다. 마우이 최대의 쇼핑몰 퀸카아후마누 몰(Queen Ka'ahumanu Mall)이 32번 고속도로 변에 있는데 다른 대형 쇼핑몰과 별반 다르지 않다.

카훌루이에서 서쪽으로 가다 보면 이아오밸리 주립 공원(Iao Valley State Park)이 있는데, 우리나라 마이산처럼 주변 봉우리가 아주 뾰족하고 바람이 심하다. 마우이의 서쪽편 화산이 활동하면서 형성된 깊은 골짜기에 많은 비로 인해 삼림이 우거져 있다. 이 계곡은 옛날 하와이 부족들 간 세력 다툼으로 치열한 전투가 벌어졌던 곳으로 유명하다. 계곡 안에는 마우이 섬의 다인종, 다문화 역사를 기념할 목적으로 헤리티지 가든(Heritage Gardens)이라

마우이 섬 중부에 있는 이아오밸리 주립 공원. 이아오니들 공원의 주차장 양쪽으로 가파른 산사면이 올려다 보인다. 계곡 공원 내에는 이민 사회를 구성하는 각국의 전통 문화 공원도 조성되었는데, 최근 한국의 이민 역사를 기념하기 위해 정자, 기와담, 장독대 등이 만들어졌다.

는 작은 공원이 만들어져 있는데, 이민 사회를 구성하는 여러 나라의 전통 가옥 및 건축물 모형들이 조성되어 있다. 얼마 전 한국의 건축물도 새로 단장되어 들어섰는데, 우리말로 '한국공원'이라 써 붙인 정자와 기와의 모습이 정답게 보인다.

동쪽과 서쪽 산지를 나누고 있는 중앙 저지대는 한마디로 사탕수수밭이다. 평탄한 지형적 조건을 이용한 사탕수수밭은 원래 건조한 삼림 지역이었다. 하와이 인들이 나무를 베어 내면서 사막화가 되었다가 서양 개척인들이

달기로 유명한 마우이 양파로 만든 스
낵. 양파를 주재료로 감자칩처럼 튀겨
만든 것인데, 짭조름하면서 아삭거리
는 게 먹을 만하다.

들어오면서 플랜테이션 농장 지대로 바뀌었다. 운전 중 간간이 보이는 대형
컨베이어 벨트와 오래되어 다소 흉물스럽게 보이는 농장 시설들 한켠에 하
와이 플랜테이션의 역사가 담겨 있다.

산 중턱의 기온이 서늘한 곳에서는 과수 농사와 함께 이 지역에서 유명한
양파 재배가 이루어진다. 그냥 먹어도 달작지근할 만큼 맛이 좋은 마우이의
양파는 주 전체를 통해 잘 알려진 지역 특산물이다. 편의점에 들르면 이 양
파로 만든 스낵이 반드시 있다. 한 봉지 들고 다니면서 산천 유람을 하면 눈
과 입이 모두 즐겁지 않을까. 현재의 속도를 기준으로 한다면, 마우이 동서
부를 잇는 이 농장 지대도 약 15,000년 후면 물에 잠기는 신세가 된다.

붐비는 리조트촌 - 서부

하와이의 다른 섬들과 마찬가지로 마우이 최대의 리조트촌은 비가 적은
서부 해안에 집중되어 있다. 서부 지역의 중심지는 라하이나(Lahaina)라 불

리는 작은 타운이다. 1km도 채 안 되는 시내 도로(Front Street)를 따라 작은 쇼핑몰이며 음식점, 기념품점 등이 즐비하고, 보트타기를 즐기는 여행객을 위해 많은 보트 여행사들이 해안가에 부스를 세워 놓고 영업을 한다. 라하이나를 방문할 때 한 가지 알아 둘 것은 시내에 주차 공간이 절대적으로 부족하다는 점이다. 점심시간이 다 되어서 시내를 두어 바퀴 돈 후에 어렵사리 주차한 기억이 생생하다.

시내 중간쯤에 반얀트리 파크(Banyan Tree Park)란 곳이 있다. 벵골보리수(반얀나무)가 여러 그루 있는 것처럼 보이지만 실제로는 땅속으로 서로 연

마우이 라하이나 시내에 있는 반얀트리 파크(Banyan Tree Park). 마치 여러 그루가 서 있는 듯하지만 실은 한 나무 개체가 가지를 쳐 성장한 것이다.

결되어 있는 하나의 식물 개체가 작은 숲을 이루고 있는 것이다. 이 나무는 19세기 기독교 포교를 기념하기 위해 심은 것으로 수령이 100년을 넘었고, 그 멋들어진 외양으로 여행객들이 빠뜨리지 않고 찾는 명소이다.

라하이나를 지나 시계 방향으로 가면 부터 나는 카아나팔리 리조트촌이 눈에 들어온다. 리조트들이 다들 그렇듯이 비싼 호텔들은 경관이 수려하며 좋은 백사장을 배경으로 자리하고 있다. 그러나 군이 고급 호텔에 머무르지 않아도 충분히 이런 좋은 백사장을 즐길 수 있다. 약간의 간식거리나 점심을 챙겨서 접이식 의자와 두루마리 깔개나 담요 한 장 들고 가면 한두 시간 머무르는 데에 전혀 불편함이 없다. 우리 식구가 들렀던 카헤킬리(Kahekili)는 백사장이 널찍하게 펼쳐져 있고, 스노클링도 즐길 수 있는 그런 곳이었다. 더 북쪽으로 나팔리, 카팔루아, 오넬로아, 호놀루아 등 여러 좋은 해변의 명소들이 있으니 자세한 지도 한 장 사서 살펴보고 정하면 된다. 그중 카팔루아(Kapalua)에는 최고급인 리츠칼튼 호텔이 자리하고 있으며, 주변 해안가에 '용의 이빨(Dragon's Teeth)'이라 불리는 침식된 용암류의 모습이 여행객들의 발길을 잡는다.

카팔루아를 지나면 도로의 사정이 많이 안 좋아진다. 지금은 도로의 포장이 어느 정도 이루어져 사륜 구동형 차량이 아니어도 문제가 없긴 하지만, 아직까지 고속도로 중간중간에 왕복 1차선 구간이 여럿 있고, 갓길도 없이 좁은 길이 자주 나타난다. 통행량이 많을 경우에는 마주 보고 오는 차들에 길을 열어 주기 위해 후진을 해야 하는 경우도 비일비재하다. 참고로 왕복 1차선 길에서 양쪽으로 차들이 들어선 경우에는 언덕 방향에 있는 차가 양보를 하는 것이 이곳에서의 예의이다. 낮은 곳에서 올라오는 차들이 먼저 진행하도록 하는 것이다. 길은 좁고 불편하지만 개발되지 않은 하와이의 진짜 모습을 보는 행복을 느낄 수 있으며, 구간마다 확 트인 바다 경치며 기암괴석들이 좋은 풍광을 만들고 있어 후회하지 않을 반나절 드라이브 코스이다.

펼쳐진 백사장 – 남부

마우이 섬 남부는 오아후 섬 호놀룰루와 같이 각종 휴가 시설과 백사장이 즐비한 휴가촌이다. 1900년대 중반까지만 해도 물이 귀한 탓에 경작이 어려워 사람들이 그리 많이 살지 않던 시골이었다. 작열하는 태양 아래 현금을 끌어들일 유일한 농사는 바로 관광 농사였다. 이곳은 일 년을 통틀어 비가 오는 날이 손에 꼽힐 정도로 건조한데, 지금은 가히 꿈에 그리던 열대 백사장을 즐기러 온 여행객들의 메카와도 같은 곳으로 변모하였다.

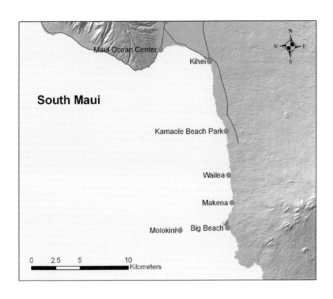

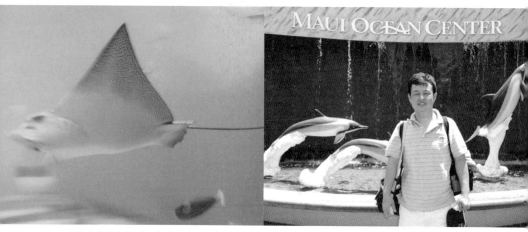

마우이 수족관은 자그마한 열대어부터 덩치 큰 어종까지 다양한 바다 생물들을 선보이는 곳이다. 마우이 수족관에 있는 가오리의 힘찬 이동 모습(왼쪽)과 수족관 입구에서 포즈를 잡은 필자(오른쪽).

　공항에 내려 남쪽으로 계속 내려오다 보면 처음 만나는 마을이 마알라에아(Ma'alaea)이다. 마우이에서 가장 바람이 많기로 유명한 이곳을 자세히 관찰하다 보면 산 중턱에 일렬로 설치된 풍력 발전 터빈을 볼 수 있다. 약 5km에 걸쳐 자리한 마알라에아 비치는 이 지역 최고의 명물이며, 근처 마우이 해양 수족관은 어린이를 동반한 사람들에게 권할 수 있는 명소라 할 수 있다. 마알라에아 만을 지나 계속 남쪽으로 내려가면 차를 세우는 데마다 백사장이 나타날 만큼 비치가 많다. 남으로 향하면서 이내 만나게 되는 키헤이 마을은 1970~1980년대 휴가지로 인기를 얻으면서 계획 없이 팽창된 곳으로, 각종 콘도 시설과 쇼핑 시설이 해변을 따라 도열해 있다. 비교적 대중적인 숙박 시설이 많이 있지만 그만큼 수요도 많아서 휴가를 마우이로 계획하는 사람이라면 일찌감치 예약을 해 두는 편이 휴가 비용을 줄이는 지름길이다. 먹을거리도 기호별로 다양하게 고를 수 있는데, 키헤이 북쪽에는 이사나 (Isana)라고 하는 한식당도 하나 있다(808-874-5700).

키헤이를 지나면 최신 시설로 무장한 고급 리조트촌인 와일레아가 나타난다. 고급 리조트 시설이 위치해 있는 만큼, 호텔 뒤편 해안 쪽으로 예쁜 해변들이 있다. 호텔 진입로를 따라 들어가 해변으로 가는 길을 찾으면 된다. 해변의 위치는 모든 안내서에 상세히 나와 있다.

마우이 중부의 끝자락은 마케나(Makena)이다. 이 주변에도 여러 군데 백사장이 있으나 자세한 거리 표시나 안내 표지판은 별로 없다. 그중 해안을 따라 길고 시원하게 펼쳐진 백사장이 눈에 띄는데, 바로 빅 비치(Big Beach)이다. 주차장 구석진 곳에 간단한 음료, 아이스크림, 스낵 등을 파는 간이 트럭이 있다. 주차를 하고 나서 접이식 의자, 대형 비치 타월, 시원한 물, 주전부리 약간을 들고 해안 쪽으로 걸으면 금방 확 트인 백사장이 눈앞에 펼쳐진다. 두어 시간 놀면서 살을 태우는 데에도, 아이들과 모래놀이를 하는 데에도 손색이 없는 곳이다. 햇살이 항상 뜨거우니 자외선 차단제를 충분히 바르고 가는 것을 잊어서는 안 된다.

많은 해안가에서 관광객이 쉽게 즐기는 것 중 하나가 스노클링인데, 이와 관련해 마우이에서 유명한 곳이 바로 몰로키니(Molokini)이다. 대부분이 물에 잠긴 섬인데, 묘하게도 수면 위에 남은 부분이 초승달처럼 생겼다. 외부로부터 보호되어 있는 섬 안쪽은 물살도 세지 않고, 수면 아래 산호초 등 먹이 공급에 필요한 조건이 잘 갖춰져 있어서 열대 어종이 셀 수 없을 만큼 서식하고 있다. 스쿠버 다이빙이나 스노클링을 위한 최고의 장소 중 하나로 평가받는다.

구름 위로 보는 일출 – 할레아칼라

할레아칼라! 이름처럼 시원하고 멋진 마우이 최정상이다. 마우이 여행의 백미는 아마도 이곳 정상에서의 일출이지 싶다. 청명한 바다 위로 떠오르는 우리 동해의 일출도 장관이지만 예측 불허의 형형색색 구름에 반사되는 이곳의 일출은 통상적인 바다 일출과는 비교도 안 될, 감히 관 속까지 가져갈 장대하고도 엄숙한 일출이라고 할까. 아무튼 오묘한 인상을 깊이 각인시켜 준다. 해변에서 너무 에너지를 소진하지 말고 하루 좋은 날을 잡아 할레아칼라에 올라 보는 것도 훌륭한 추억이 될 것이다.

일생에 한 번이 될 할레아칼라의 일출을 보기 위해서는 무엇보다도 부지

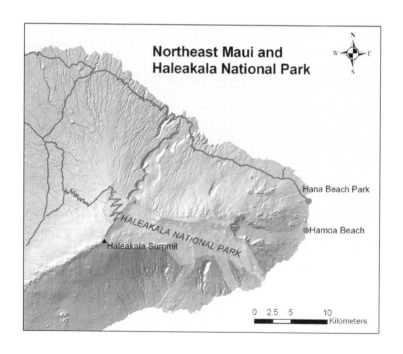

할레아칼라 정상에 위치한 기상 관측 건물에 붙어 있는 고도 표시.

런해야 한다. 각종 여행 길잡이 책에 보면 최소한 일출 30분 전에는 정상에 도착해야 한다고 되어 있으나 사실 그보다는 한참 더 일찍 올라야 한다. 왜냐하면, 그날 도대체 어느 정도의 관람객이 모여들지 아무도 알 수 없기 때문이다. 일출 직전에 오르면 십중팔구 주차할 곳을 찾지 못해 시간을 허비할 수 있다. 좋은 날씨가 예상되어 내가 올라갈 양이면 다른 이들도 같은 이유로 그날 정상을 찾을 것 아닌가. 여기서는 바다 위로 태양이 떠오르지 않는다. 구름 위로 올라오는 광경을 보기 위함이다. 따라서 태양을 보기 전에도 이미 하늘은 어슴푸레 어둠이 걷히기 때문에, 어둠이 열리는 그 광경까지 사진기와 캠코더에 담으려면 생각보다 일찍 숙소를 나서야 한다. 숙소의 위치에 따라 정상까지의 운전 시간이 다를 수 있으나 2시간 정도면 정상에 닿을 수 있다. 만약 새벽 3시에 눈을 떴다면, 이미 늦었다. 우리 가족은 새벽 2시에 호텔을 나섰다. 잠에 곯아떨어진 다섯 살짜리 아들을 억지로 깨워 겨울용 외투를 입히고 모자와 장갑까지 챙기며 부지런을 떨었던 그날의 기억이 아직도 생생하다. 새벽 5시경부터 150여 명의 관람객이 유리로 둘러진 전망대 안을 빼곡히 채우고 오직 한 곳을 응시하며 기다리고 있었다. 정확한 일출 시각은 매일 달라지는 법이니 출발 전날 주위에 물어보거나 현지 전화번호 877-5111로 전화하면 알 수 있다. 어린아이를 동반하는 경우에는 두터운 옷가지, 모자, 장갑을 꼭 챙기고 충분한 물을 구비하여 수시로 마시도록

할레아칼라 해돋이. 몇 분 상간으로 구름 위로 찬란하게 해가 떠오른다.

해야 한다. 연결 도로인 할레아칼라 하이웨이가 잘 뻗어 있어서 일반 승용차
로도 쉽게 갈 수 있다. 공원 진입로 입구에 안내소가 있으니 잠시 들러 피로
한 몸과 눈을 쉬게 하고, 국립 공원에 대한 안내 자료도 얻어 가면 된다.

　준비해 간 커피나 따뜻한 차를 마시며 산을 내려오다 보면 화성과 같은 다
른 행성에 와 있는 듯한 경관이 여기저기 눈에 띈다. 아닌 게 아니라, 이러한
지형적 특성으로 미항공우주국(NASA)의 비행사들도 훈련을 위해 거쳐 간

할레아칼라의 황량한 대지를 헬기
에서 찍은 사진. 할레아칼라의 지형
은 마치 다른 행성에 와 있는 듯한
인상을 준다. 소규모로 분출한 과거
화산들이 군집을 이루고 있다.

아주 특이한 곳이다. 화산 작용과 침식 활동 그리고 침하 현상과 같은 지질·지형적 변화 과정을 거쳐 만들어진 할레아칼라의 모습은 하와이 태고의 모습, 아니 지구 태고의 모습을 충분히 상상하게 만들어 문득 '나도 지질학자가 되었으면' 하는 뜬금없는 바람을 갖게 한다. 이와 같은 경치가 잘 보이는 곳에 드문드문 전망소(overlook) 표시를 해 놓았다.

할레아칼라 정상부를 내려오기 전에 한 가지 찾아볼 것이 있는데, 할레아칼라 실버스워드(silversword, 은검초)이다. 하와이 말로 '아히나히나(ahinahina)' 라고 불리는 이 희귀 식물은 칼처럼 날카롭고 길게 수직으로 자라며, 잎의 표면이 페인트칠을 한 것처럼 은빛으로 빛난다. 한때 방문객들이 관상용으로 캐 가면서 멸종 위기에 몰렸었지만 서서히 개체수가 늘어나고 있다. 실버스워드는 50년 정도 자라는데, 평생에 한 번 알을 낳고 죽어 버리는 연어처럼 단 한 번 꽃을 피우고 생을 다하는 특이한 종이다. 마우이 정상 할레아칼라에 올라와 실버스워드가 피운 꽃을 보았다면 정말 억세게도 운이 좋은 사람이다.

올라오는 길과 다른 방향으로 내려가는 길을 잡으면 마우이 시골의 현실을 더 자세히 둘러볼 수 있는 기회가 된다. 마우이 북쪽 해안으로 연결되는 도로를 운전해 내려가면 고즈넉한 시골집들이 한가하게 흩어져 있는데, 아침나절 출출한 허기를 채울 겸 동네 어귀의 한 식당을 찾아 간단한 요기를 하며 시골 사람들을 만나 보는 것도 괜찮은 추억거리가 된다. 아마도 서울 사람들이 쓰는 시계와는 전혀 다른 시계를 쓰는 듯 그저 여유롭다는 한 마디로 그 풍광을 요약할 수 있다. 일찌감치 일출을 즐기고 아침 끼니까지 해결했다면 점심은 하나(Hana)에서 하는 것도 나쁜 일정은 아니다.

구절양장 하나 가는 길 - 북동부

한국 최고의 구절양장이 어디인지는 모르지만, 하와이의 구절양장은 바로 하나 가는 길이다. 한 모퉁이를 돌아서는가 하면 다른 모퉁이가 시작되고, 그 모퉁이가 펴지는 듯하더니 작은 다리 넘어 또 다른 굽이로 이어지는 그야말로 꼬불꼬불의 연속이다. 지루한 커브 길이 끝없이 이어지지만 하와이에서 가장 인상 깊은 드라이브 길임에는 틀림없다. 시간이 허락하면 이 세 시간짜리 여행을 굽이쳐 가 보길 바란다. 에덴의 동산이 기다리고 있다. 바로 이상향이란 말을 떠올리게 하는 경치가 그 안에 있다. 하나는 마우이 동부 최고의 명소이다. 명소에는 인파가 몰리는 법. 휴가철이 되면 약 2,000대의 자동차가 이곳에 몰리기 때문에 아침에 여유를 부리다가는 교통 체증으로 후회하게 된다. 가면서 들러야 할 폭포의 비경도 아침나절이 더 좋기 때문에 일찍 숙소를 나서야 한다. 안전 운전을 위해서는 이 길이 구절양장의 폭이 좁은 시골길이라는 것을 한시도 잊어서는 안 된다. 지형이 험하다 보니 개천이나 개울을 가로지르는 다리의 폭도 좁아 1차로가 대부분이다. 운이 없으면 많은 시간을 다리 앞에서 보내야 한다. 그러나 도로 포장 상태는 좋은 편이라 사륜 구동 자동차를 몰 필요까지는 없다. 경치 좋은 폭포 앞에 주차를 하고 구경을 할 때에는 간혹 있을 수 있는 자동차 털이도 조심해야 한다.

몇 개의 폭포를 구경하고 하나에 접어들면 천진스럽고 평화로운 동네 분위기가 느껴진다. 공항에 내려 본 마우이의 모습과는 전혀 다른 때문지 않은 무개발 지역의 평화로움 그 자체다. 동네 어귀에는 우체국과 경찰서를 안내하는 표지판이 어쭙잖게 걸려 있다. 하나 주위에는 까만색, 빨간색, 하얀색의 모래사장이 서로 멀지 않게 널려 있다. 개중 가장 인상 깊었던 곳은 하모

하나에 있는 하나베이 비치. 외진 시골 해변이라 관광객이 거의 없다.

마우이 섬 하나에서 꼭 가 봐야 할 하모아 비치. 개인적인 생각이지만, 하와이의 해변 중에서도 경치가 그만이다.

아 비치(Hamoa Beach)였다. 그림엽서에서나 보았을 법한 그런 멋진 백사장이다. 뜨겁게 내리쬐는 태양 아래 자유로이 자연에 몸을 맡긴 그들이 한없이 부러워지는 순간이었다. 어질어질한 꼬부랑길 세 시간을 달려오길 잘했다는 생각이, 시간이 아깝지 않았다는 생각이, 언제 또 올 수 있을까 하는 생각이, 혼자 보기엔 정말이지 아깝다는 생각이 순차적으로 머리를 싸고 돌았다. 에덴에 해변이 있다면 그게 바로 여기가 아닐까. 이런 순수한 곳에서는 당연한 일이긴 하나 방문객의 입장에서 티끌만치 아쉬운 게 있다면 변변한 식당 찾기가 힘들다는 것이다. 한 끼 식사를 위해 이렇게 멀리 외진 곳까지 운전해 찾아올 사람도 많지 않을 것이기도 하거니와, 멋들어진 레스토랑이 애시당초 이곳 하나의 평화로움과는 영 어울리지가 않는다.

하와이 섬

여행을 하다 보면 하와이의 섬들은 형성 연대가 섬마다 달라 각기 독특한 개성을 가지고 있다는 것이 금방 눈으로 확인된다. 오아후 섬과 달리 하와이 섬은 대규모 위락 시설이나 호텔 리조트가 건설된 큰 타운이 없다. 그러나 널따란 대자연과 이글거리는 용암 그리고 북적이지 않는 평온함을 가치로 삼는 여행객들에게는 최고 인기를 누리는 섬이다. 바다 위로 솟아 있는 다른 하와이의 섬들을 모두 합친 것보다 더 면적이 넓어서 흔히 '빅아일랜드'라고 불린다. 우리나라에서 가장 큰 섬 제주도(1,847km²)를 여섯 개 정도 합친 크기라 하면 감이 쉽게 올지도 모르겠다.

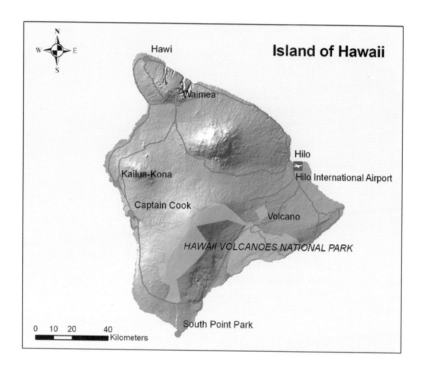

빅아일랜드의 상징은 뭐니 뭐니 해도 해발 4,000m를 훌쩍 넘는 마우나케
아와 마우나로아로 불리는 두 개의 거대한 화산이다. 크기에서 압도적인 이
두 화산이 섬의 대부분을 차지하고 있지만 사실 하와이 섬에는 다섯 개의 화
산이 있다. 북서쪽으로 놓인 코할라(Kohala) 산지가 가장 오래된 화산이고,
서쪽에 솟아 있는 것이 후알라라이(Hualalai), 그리고 동남쪽에 있는 것이
그 유명한 킬라우에아(Kilauea) 화산이다.

섬 면적에 비해 인구는 적은 편이다. 동쪽의 힐로(Hilo), 서쪽의 카일루
아−코나(Kailua-Kona), 북쪽의 와이메아(Waimea), 남쪽의 볼캐노

비행기에서 바라본 마우나케아와 마우나로아. 마우나케아 정상의 천체 관측소 모습도 또렷하게 보인다. ⓒ 이병수

(Volcano)가 주요 타운이다. 다른 섬들과 마찬가지로 무역풍이 불어오는 동쪽은 비가 많고, 반대쪽 사면은 건조하다. 따라서 비가 적은 서쪽의 코나, 코할라 쪽에 휴가 시설이 발달해 있다. 섬 일주 도로가 주요 타운을 이으면서 놓여져 있고, 마우나케아와 마우나로아 사이를 통해 산을 넘는 도로가 있다. 두 산 사이가 마치 안장처럼 생겼다 해서 이 도로를 새들로드(Saddle Road)라고 부른다. 섬 면적이 가장 넓은 만큼 여기저기를 둘러보는 시간이 제법 많이 걸린다. 단 하루만 돌아보고 가는 사람, 이틀 내지 더 오래 체류하는 사람 등 각자 일정에 따라 가장 효과적인 여행 경로를 잡는 것이 중요하다. 여기서는 하와이 섬 최대 도시 힐로를 시작으로 여정을 떠나 볼까 한다.

힐로와 인근 지역

힐로는 수십 년 전에 두 번에 걸쳐 대형 쓰나미 참사를 경험한 도시이다. 다운타운에 위치한 태평양 쓰나미 박물관(Pacific Tsunami Museum)은 쓰나미 역사를 자세하게 소개하고 있다. 이 두 차례의 쓰나미는 사실 하와이의 지진과는 무관하게 발생하였다. 한 번은 알래스카에서, 또 한 번은 칠레에서 발생한 지진으로 만들어진 높은 파도가 하와이까지 무서운 속도로 전해져 입은 피해였다. 다운타운 건물들은 당시 해안에 바로 인접해 지어졌는데 쓰나미로 인해 모두 폐허가 되었고, 그 이후로는 개발 제한 지역으로 분류되어 현재는 공원, 축구장 등 레저용으로 사용되고 있다. 이런 이유로 힐로는 '공원 도시(City of Parks)' 라고 불린다.

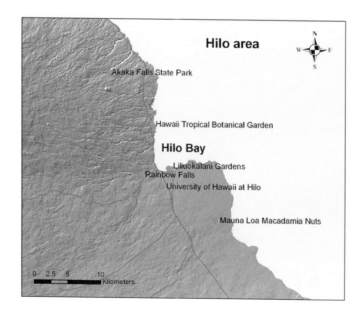

힐로 다운타운에 위치한 태평양 쓰나미 박물관. 박물관 입구에는 과거 쓰나미 피해 현장의 사진들이
걸려 있다. 오른쪽은 1960년 쓰나미 직후 넋을 잃은 주민이 망연히 주위를 쳐다보고 있는 사진이다.
쇠로 된 주차 미터기가 엿가락 휘듯 쓰러져 있다.

힐로 다운타운 주변은 한때 붐비던 상가의 무대였지만, 쓰나미 피해 이후로 축구장이나 공원으로 변
모하였다.

빅아일랜드에서 3일 이상의 여유가 있다면 힐로와 힐로 근방의 관광지를 둘러볼 시간이 될 듯하다. 하루나 이틀 정도로 체류 일정이 빡빡하다면 사실 시내를 둘러볼 겨를은 없다고 본다. 힐로에는 소규모의 주립 대학이 하나 있는데, 바로 하와이 대학교 힐로 캠퍼스이다. 교육 중심의 대학교로, 주로 하와이 주, 캘리포니아를 비롯한 미국 서부 지역, 일본, 폴리네시아, 미크로네시아, 멀리 뉴질랜드 등지에서 학생들이 찾아오고 있다. 최근에는 우리나라 학생들도 교환학생 과정 등을 통해 힐로를 찾고 있다. 힐로 시내에서 자동차로 10분 정도 가면 무지개 폭포(Rainbow Falls)가 시원하게 펼쳐진다. 잠시 땀을 식히기에 충분한 힐로의 대표적 관광지이다. 그저 폭포만 눈앞에 보일

힐로 시내에서 10분 정도 떨어진 무지개 폭포. 비가 충분히 온 직후엔 떨어지는 폭포수의 양도 꽤 많아진다.

하와이 섬 힐로에서 북쪽으로 가다가 산 쪽으로 30여 분 올라가면 아카카 폭포 공원에 이른다. 큰 낙차를 두고 떨어지는 폭포 아래에서 물안개가 피어올라 얼굴에 뿌려지는 순간, '저 아래에 내려가 한번 맞아 봤으면' 하는 욕심마저 생긴다. 공원 안에는 우리에게 친숙한 대나무 숲이 있다.

뿐, 근처에 위락 시설 같은 것은 없다. 좀 더 큰 규모의 폭포를 보고 싶다면 힐로에서 약 17km 정도 북쪽으로 떨어져 있는 아카카 폭포(Akaka Falls)를 찾아가야 한다. 무려 135m의 낙차로 떨어지는 아카카 폭포수를 보는 순간 여행으로 쌓인 피로가 순간의 탄성과 함께 날아간다. 여행객을 가득 실은 대형버스가 매일 같이 드나드는 명소로, 대나무를 비롯한 갖가지 나무들이 우거진 오솔길을 따라 한 시간 정도 산책도 할 수 있다.

힐로에서 아카카 폭포로 가는 중간에 둘러볼 곳이 있다. 하와이 열대 식물원(Hawaii Tropical Botanical Garden)이다. 힐로 시내에서 고속도로를 따라 10분 정도 북쪽으로 달리면 오른쪽으로 4-MILE SCENIC DRIVE가 나온

하와이 섬 힐로에서 20분 정도 거리에 있는 하와이 열대 식물원. 2008년으로 개장 30년을 맞았다. 처음 보는 열대종들이 많이 있고, 난초 종류도 다양하게 자란다.

하와이 열대 식물원 해안가에 귀엽게 솟아 있는 쌍둥이 바위.

다. 장장 6km에 걸쳐 경치가 죽여 준다는 길이니 망설이지 말고 우회전하길 권한다. 녹음으로 우거진 조용하고 시원한 굽이길이 나오는데, 경치를 구경하면서 천천히 가다 보면 곧 식물원이 보인다. 해변에 연해 있는 이 식물원은 가히 하와이 최고의 열대 식물 전시관이라 해도 과언이 아니다. 세계 도처로부터 2,000여 종의 열대 식물을 가져다 놓았으며, 아름답고 신비한 나무와 꽃, 시원한 폭포, 열대 난초 등이 하와이 바다 풍광과 어우러져 찾아온 이들에게 편안하고 건강한 만족을 준다. 식물원에 들어서서 사방에서 뿜어져 나오는 향기를 따라 걷다 보면 온 세상 좋은 기가 코로 들어와 금방이라도 도가 통할 듯 최고의 삼림욕이 된다. 2008년 식물원 개방 30주년을 맞아 하와이 주민들에게 하루 무료로 개방한다는 신문 광고를 보고 가족과 함께 다시 찾았다. 오만 가지 꽃과 나무도 절경이지만, 정원 길을 따라 바닷가로 내려가면 해안 절벽이 기가 막히다. 저만치 쌍둥이 바위도 예전 그대로였고, 첨벙첨벙 파도 소리도 여전히 박력 있게 들렸다. 우거진 열대림이므로 모기 쫓는 약을 충분히 바르거나 뿌리고 관람하는 것이 상책이다.

힐로의 관광버스들이 꼭 들르는 곳들 가운데 하나가 퀸릴리우오칼라니 정원(Queen Liliuokalani Garden)이다. 1900년대 초 플랜테이션을 위해 하와이로 건너온 일본인들의 역사를 기념하기 위해 세워진 이 정원은 전형적인 일본식 조경으로 만들어졌는데, 서양에 지어진 일본식 정원으로는 최대 규모를 자랑한다. 공원의 이름은 하와이 왕조의 마지막 통치자 릴리우오칼라니(Liliuokalani) 여왕을 기리는 뜻에서 붙여졌다. 조수에 따라 들고 나는 바닷물이 정원의 연못을 만들고, 중간 중간에 세워진 정자들, 그리고 이들을 서로 연결하는 다리며 돌길이 모두 조화를 이뤄 아담하고 차분한 느낌을 준

힐로 북쪽 해안가에 자리한 퀸릴리우오칼라니 정원. 작은 정자, 탑, 다리 등으로 오밀조밀한 일본 정원 특유의 모습을 하고 있다.

퀸릴리우오칼라니 정원에서 바로 옆 좁은 다리로 연결된 코코넛 아일랜드. 아이들 물놀이, 가족 바비큐 파티, 가벼운 산책 등 다목적으로 이용할 수 있는 휴식처라고 할 수 있다.

다. 정원 주변으로는 조깅이나 산책을 할 수 있도록 육상 트랙과 같은 타원형의 보도가 있어 매일 아침저녁으로 운동을 하러 나오는 사람이 많다. 널따란 잔디밭 주변으로 야외 식탁이 여럿 구비되어 있어 힐로를 찾는 여행객뿐만 아니라 힐로 주민들도 점심이나 야외 바비큐를 즐기러 자주 찾는 곳이다. 주말이나 연휴에는 주차장이 다소 붐비기까지 하는 힐로의 쉼터라 할 수 있다. 이 정원 바로 옆으로 보면 자그마한 섬이 다리로 연결되어 있는데, 코코넛 아일랜드라 불린다. 이름처럼 귀여운 섬으로, 가족 단위의 파티나 산책을 하기에 안성맞춤이다. 이 섬 뒤는 원래 사람들이 붐비는 시내 상가였는데, 1960년대 쓰나미로 모든 것이 없어지고 지금은 큼지막한 호텔이 서 있다.

비행기에서 본 코코넛 아일랜드와 다리 건너 주변 호텔들. 큰 쓰나미로 초토화된 해안가 옛 상업 지대에 들어선 호텔 건물은 언젠가 다시 찾아올 쓰나미에 대비해 집채만 한 파도를 일부 막을 수 있도록 설계되었다고 한다.

앞으로 닥칠 쓰나미에 대비하여 이 호텔들은 매우 튼튼한 콘크리트 기둥을 기초로 세워져 거센 물살이 밀려와도 견디게끔 설계된 것이 특징이다.

최근 하와이 대학교 캠퍼스에 이밀로아 천문학 센터(Imiloa Astronomy Center)가 문을 열면서 과거와 현재의 천체 탐험 역사를 소개하는 교육 시설로 어린이들에게 인기를 얻고 있다. 미항공우주국의 자금 지원으로 설립된 이 센터는 하와이의 전통 문화와 마우나케아 정상의 첨단 천문 연구를 상호 연결하는 가교 역할을 함으로써 하와이의 어린 학생들이 앞으로 과학 분야에 큰 흥미와 재능을 발휘할 수 있도록 돕자는 미래 교육의 비전을 강조하고 있다. 천체에 관한 영화, 강연, 전시회 등이 자주 열려 아이를 데리고 가끔씩

하와이 대학교 힐로 캠퍼스에 세워진 이밀로아 천문학 센터. 뾰족한 세 개의 지붕이 인상적이며, 천체 탐험의 역사를 소개하는 교육 시설로 어린이들에게 인기가 있다.

찾는 곳이다.

힐로 다운타운에서는 매주 수요일과 토요일에 정기적으로 장이 열린다. '파머스 마켓(Farmer's Market)'이라고 불리는 이 농산물 직거래장은 인근 지역에서 키운 채소와 과일을 농부들이 직접 가지고 나와 관광객이나 주민들에게 판매하는 정기 시장이다. 가격도 저렴하고, 무엇보다 최고의 신선도를 보장하기 때문에 늘 북적인다. 과일과 채소뿐만 아니라 간식거리, 빵 종류, 잼, 꽃, 생선류, 액세서리, 옷가지, 주스류 등 다양한 상품이 있다. 한인 상인도 한두 분 계시기 때문에 일반 상점에서 구하기 힘든 한국 요리에 필요한 채소를 구입할 수도 있다. 관광객이 많이 방문하는 카일루아(코나)에서도

주민들과 관광객이 분주하게 물건을 고르는 파머스 마켓(Farmer's Market)의 전경. 생산자와 소비자의 직거래로 최상의 신선도와 저렴한 가격이 유지된다.

비슷한 장이 선다. 아침 일찍 가서 시원한 레모네이드 한 잔 사 들고 이것저 것 구경하며 조그만 선물을 장만하기에 괜찮은 기회가 될 것이다.

하와이 화산 국립 공원

빅아일랜드에서 하루밖에 있을 수 없다면 생각할 것도 없이 무조건 하와 이 화산 국립 공원으로 내달려야 한다. 힐로에서 자동차로 약 40분 거리에 있는 이 공원은 용암이 분수처럼 뿜어져 나오는 세계 최고의 화산 킬라우에 아에 이르는 진입로이다. 킬라우에아는 용광로의 쇳물처럼 쉼 없이 쏟아져 나오는 용암으로 인해 세계적인 명소가 되었으며, 자연지리학이나 지질학

최근 활동이 늘어난 킬라우에아 화산 분출 모습.

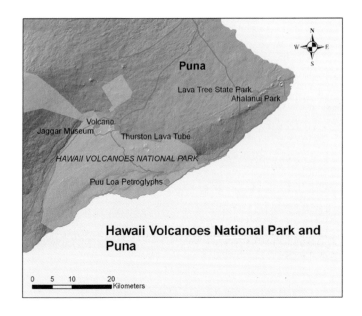

Hawaii Volcanoes National Park and Puna

교과서에 소개되는 대표적 화산이다. 요금 정산소에서 입장료를 지불하면 안내 자료를 주는데, 자세한 지도와 살펴볼 곳 등이 잘 설명되어 있다. 필요한 만큼 여러 장 달라고 해도 준다. 미소와 함께 '알로하!'로 인사하면 굿! 미리 웹사이트(www. nps.gov)에서 공원 내부 지도를 찾아볼 수도 있다.

공원 내로 들어서서 직진하면 얼마 가지 않아 곧 안내소가 보인다. 반드시 이곳에 들러 하와이를 소개하는 영화도 보고, 각종 정보도 얻기 바란다. 하와이 및 화산 관련 책자, 비디오, DVD, 지도, 기념품을 구입할 수 있다. 화산 관람에 앞서 들뜬 관광객들이 직원에게 쉴 새 없이 질문을 퍼부어 댄다. 화산 형성 과정과 공원의 특징 등을 자세히 설명해 주는 시간이 정해져 있으므로 안내소 안 시간표를 확인하고 전문가의 이야기를 듣는 것도 좋다. 안내

하와이 화산 국립 공원의 여행자 안내소에서는 하와이를 소개하는 짧은 영상물이 수시로 방영되고 있으며 하와이의 역사, 지질, 생물 등이 보기 좋게 전시되어 있어 많은 도움이 된다. 한켠에는 각종 도서, 기념품, 지도, 그림, 사진, CD 등이 구비된 매점이 있다.

소 바로 맞은편에 볼캐노하우스(Volcano House)라는 호텔이 있다. 환상적인 분화구 바로 앞, 전망이 기가 막힌 곳에 지어졌다. 화산에 완전히 반했다면 거기서 하루를 묵어도 좋지만 숙박료가 꽤 비싸다.

분화구 주변에는 도로가 잘 되어 있으므로 아무리 시간이 없어도 한 바퀴 돌고 가야 한다. 여기가 달인가 아니면 화성인가 하는 의구심이 드는 경관이 펼쳐진다. 실제 미항공우주국에서 화성 탐사 로봇의 동작 시험을 했다는 곳이니 그렇게 상상해도 아주 틀린 것은 아니다. 도로변 중간 중간에 허연 김이 솟구치는 스팀벤트(steam vents)에 들러 간접적으로나마 화산의 열기를 느껴 보는 것도 빠뜨릴 수 없는 재미다. 계란을 그 속에 넣어 두었다가 까먹으면 되겠다 싶은 생각이 든다. 하이킹을 즐기는 미국인들은 이곳 화산을 둘

킬라우에아 화산 정상에는 커다란 함몰 칼데라가 있고 중앙부에 불의 여신 펠레의 궁전이라고 일컫는 할레마우마우 분화구가 있다. 1차적 화산 분출에 이어 2차 분출이 내부에서 일어났기 때문에 분화구 속에 다시 작은 분화구가 생성되었다.

어린이들을 위한 천문학 관련 시연회에서 미항공우주국이 개발한 화성 탐사용 차량이 작동 시범을 보이고 있다.

분화구 주변에서 끊이지 않고 피어오르는 스팀. 비가 오는 날이면 더욱 선명하여 풍경이 그럴 듯하다. 오른쪽은 공원 내 스팀벤트이다. 가까이 다가서면 꽤나 뜨거운 열기에 뒷걸음치게 된다.

분화구 트레일을 따라 걷는 것은 좋은 구경이자 운동이다. 군데군데 허옇게 된 부분은 뜨거운 아황산 가스가 나오면서 남긴 화학 물질이다.

러볼 때 직접 배낭을 메고 분화구 안을 가로지르며 몇 시간씩 주위를 자세히 관찰하며 운동을 하곤 한다. 시간이 허락된다면 짧은 코스를 잡아 하이킹을 시도하면 화산과 분화구 내부 자연을 더 오래 기억하게 될 것이다. 안내소에 자세한 지도가 구비되어 있다.

순환 도로를 돌다보면 하와이 화산 관측소와 토마스 재거 박물관(Thomas A. Jaggar Museum)이 나란히 보인다. 화산과 관련된 각종 지질 자료, 지진계 등 관측 장비, 역사, 모형 들이 진열되어 있다. 또 다른 각도에서 분화구를 바라볼 수 있는 곳이다. 화산도 공부하고 사진도 찍고 망원경을 통해 분화구를 자세히 관찰할 수도 있는 교육적인 곳이다. 도로를 돌아 공원 입구 쪽으로 나오다 보면 서스톤 용암 동굴(Thurston Lava Tube)이라는 용암굴

재거 박물관 건너편 쪽에서 바라본 분화구 주변. 더 가까이서 분화구를 들여다볼 수 있다. 주위에 화산 폭발 등으로 흩어져 있는 돌덩이들이 제법 많이 있다.

하와이 화산 국립 공원 내에 있는 서스톤 용암 동굴(Thurston Lava Tube). 용암이 흐르면서 속이 텅 빈 용암굴을 만들었다. 농구 선수처럼 큰 사람 말고는 서서 들어가는 데 큰 지장이 없다. 동굴 입구에 팻말 형식으로 형성 과정을 설명해 놓았다.

이 눈길을 끈다. 약 10분간의 짧은 코스이다. 과거 용암이 흐르면서 공기와 닿는 외부 용암은 빠르게 식어 돌로 변했지만 안쪽은 단열이 되어 계속 흐르다가 급기야는 내부 용암 물질이 모두 빠져나가 속만 덩그러니 비어 버렸다. 마치 예전에 땅굴을 견학할 때 본 그런 모습이다. 물의 용식 작용으로 형성된 석회굴과는 생성 과정이 전혀 다른 것이다.

흐르는 용암을 찾아

현재 분출하는 킬라우에아 화산 분출구는 공원 남쪽에 있다. 남쪽 절벽을 넘어 공원 끝자락에 닿는 길을 체인오브크레이터스 로드(Chain of Craters

킬라우에아 화산으로부터 흘러내린 용암이 해안 도로를 끊어 놓아 자동차 통행이 불가능하다. 산 쪽을 바라보면 절벽 아래로 흐른 용암의 역사가 그대로 드러난다.

Road)라고 한다. 이 도로를 따라 운전해 내려가면 절벽을 넘어 해안가를 덮고 나서 굳어 버린 용암이 장관으로 나타난다. 사방이 용암 바닥 투성이고, 누군가 해변을 통째로 염색해 놓은 듯 검은색 천지이다.

계속해서 해안을 따라가다 보면 갑자기 길이 끝난다. 용암이 흘러내려 포장도로를 완전히 끊어 버렸다. 거기서부터는 걸어 들어가야 한다. 들어갈 수

끊긴 도로로부터 멀찌감치 떨어져 많은 양의 스팀이 뿜어져 나오는 것을 볼 수 있는데, 그곳에서 검붉은 용암류가 바닷속으로 직접 흘러 들어가고 있다. 킬라우에아 화산에서는 1983년부터 쉼 없이 용암이 쏟아져 나오고 있다.

온도가 1,000℃를 넘는 킬라우에아 용암류의 생생한 모습. ⓒ 이병수

용암류가 굳어서 만들어진 바닥은 불안정하고 연약해서 해가 저문 상황에서 걸을 때에는 주의를 기울여야 한다.

있는 거리는 매일 다른데, 분출이 심하게 일어날수록 안전을 고려해 진입 거리가 짧아진다. 통상 1시간 정도 걸어 들어가서 운이 좋으면 과학 채널에서나 보던 벌건 용암류가 바다로 김을 내며 떨어지는 광경을 볼 수 있다. 주위가 어두워야 잘 보이므로 해 지기 직전에 들어가 해가 완전히 넘어간 다음에 구경하는 것이 좋다. 이때 주의할 것이 있다. 사방이 용암류가 굳어져 만들어진 시커먼 돌바닥이므로 그저 사람이 줄을 지어 다니는 쪽으로 따라 움직이는 게 안전하다. 바닥에 굴곡이 많고 후덥지근한 날씨에 뜨겁기 때문에 발을 덮는 운동화나 등산화가 필요하다. 손전등은 필수이며 비상용으로 하나 더 가져간다. 건전지가 새것인지도 반드시 확인한다. 보이지는 않지만 미세한 화산재와 아황산가스가 목을 자극하므로 배낭에 물도 충분히 가져가야 한다. 전설에 따르면, 하와이의 화산 활동은 킬라우에아에 사는 하와이 불의 여신 펠레(Pele)가 관장한다고 한다. 이 여신이 깨어 활발히 움직일 때는 분출량도 많고 더 선명한 광경을 볼 수 있다고 전해진다. 날씨도 맑아야 하고 여신과의 텔레파시도 잘 통해야 하니, 환상적인 용암 분출을 보는 데에도 상당한 운이 필요하다.

흐르는 용암은 크게 두 가지로

하와이 화산 국립 공원 안내소에 전시되어 있는 하와이 불의 여신 펠레. 힐로의 화가 히치콕(David Howard Hitchcock)의 작품이다.

흐르는 용암은 아아('a'ā)와 파호에호에(pāhoehoe)로 나뉜다. 왼쪽이 표면이 거친 아아, 오른쪽이 매끄러운 파호에호에의 모습이다.

나뉜다. 한 가지는 표면이 매끄럽게 생긴 파호에호에(pāhoehoe)이고, 다른한 종류는 들쑥날쑥 겉이 아주 거칠며 아아('a'ā)라고 부른다. 용암이 돌로굳는 과정에서 용암의 끈적거리는 정도, 가스 성분과 양의 차이에 의해 표면의 거칠기가 전혀 다르게 나타난다. 맨발로 아아 표면을 터벅터벅 걷는다고생각해 보자. 거칠고 날카로운 돌 모서리에 "아, 아." 하는 비명이 저절로 터져 나올 것이다. 농담으로 들릴지 모르지만, 그런 비명 소리로 인해 용암 이름이 '아아'로 정해졌다고 한다.

바다로 흘러 떨어지는 용암은 끊임없는 파도의 작용으로 90도 각도의 해안 절벽을 만들어 놓았다. 소금기 가득 머금은 물의 힘은 항상 돌보다 강해서 해안 절벽 아래 군데군데에 휑하니 깎여 나간 해식굴을 만들어 놓았으며, 바다 쪽으로 튀어나온 바위 부분은 차별적으로 침식을 받아 우리나라 해안절벽에서도 드물지 않게 볼 수 있는 코끼리 모양으로 깎여 있곤 한다. 용암이 식은 돌 표면에는 옛 하와이 인들이 새겨 놓은 암각화가 있다. 공원에서

화산 국립 공원 해안 절벽에서 본 코끼리바위와 움푹 파인 해식 동굴들. 코끼리바위는 암석의 차별적인 침식으로 중간이 허물어진 결과이다.

수백 년 전 하와이 인들이 용암면을 깎아 그린 암각화. 다산, 건강을 기원한 흔적으로 추정된다. 비와 바람의 영향을 막을 수는 없지만, 최소한 인위적인 훼손은 막으려고 애쓰고 있다.

해안으로 내려가는 도로 말단쯤에 서 있는 작은 표지판이 푸우로아 암각화 (Pu'u Loa Petroglyphs)로 가는 길목을 표시하고 있다. 사람, 거북, 말, 닭, 해 등의 그림이 돌바닥에 선명히 아로새겨져 있다. 과거 하와이 인들의 이런 예술 행위가 정확히 언제 어떻게 시작되었는지는 알려지지 않고 있으나, 서양인들이 하와이에 발을 들여 놓은 이후에도 계속되었을 것으로 보고 있다.

푸나 지역

푸나는 섬의 동쪽 끄트머리에 돌출된 지역으로, 최근 인구가 크게 늘고 있다. 각종 편의 시설 유치에 따른 마을 정비 및 개발 계획의 의사 결정 과정에서 주민과 개발자 간의 의견 충돌로 신문 지면이 늘 시끄럽다. 이 지역은 섬의 주된 일주 도로에서 벗어나 외곽으로 나가야 하는 코스이기 때문에 짧은 여행 일정으로는 가 보기 힘든 지역이다. 힐로에서 130번과 132번 고속도로를 차례로 타고 가다 보면 라바트리 주립 공원(Lava Tree State Park)으로의 길목을 알리는 작은 표지판이 보인다. 과거 용암이 흘러 덩치 큰 나무들을 쓰러뜨리고 남은 용암이 돌이 되어 마치 초처럼 서 있는 광경이 특이하다. 내부 통행로가 잘 되어 있고, 아주 한산한 분위기이다. 한 시간 정도 산책 겸 기묘한 모습으로 서 있는 돌들을 구경하며 예전에 흘렀을 용암의 화력을 상상해 보는 것도 남다른 경험이다.

해안가로 계속 가다 도로가 끝나는 지점에서 오른쪽으로 방향을 틀면 좁은 시골길이 나온다. 이 길을 따라가면 아할라누이 파크(Ahalanui Park)가 있고, 그 안쪽에 자그마한 웜풀(warm pool)이 보인다. 지열로 데워진 물을 이용해 만들어 놓은 수영장으로, 바다와 맞닿아 있어 작은 연결 통로로 물고

하와이 섬 푸나 지역에 위치한 라바트리 숲립 공원이 대부 산성 용암이 거 큰 나무들을 쓰러뜨리고 밑동 부분만 돌로 굳어져 뼈죽이 서 있다.

하와이 섬 푸나 해안에 있는 야외 풀이다. 화산의 지열로 천연의 웜풀이 만들어졌다. 야자수로 둘러싸여 아늑한 느낌을 준다.

기들이 들락날락한다. 물안경을 쓰고 물속을 들여다보면 각종 물고기들이 함께 놀고 있음을 알 수 있다. 주변은 야자수로 둘러싸여 안락한 느낌을 주며, 외벽으로 들이쳐 대는 파도 소리와 물보라가 시원함을 더해 준다. 화산에 의한 자연열로 데워져 수온이 25℃까지 올라간다.

코나 관광지

이제부터는 비가 적은 서쪽을 여행해 보자. 섬 서편의 중심은 코나 지역이다. 코나 공항 남쪽에 발달한 코나 지역은 전형적인 관광 타운으로 각종 호텔, 음식점, 술집, 액세서리 가게, 기념품점 등이 들어서 있다. 스노클링, 윈

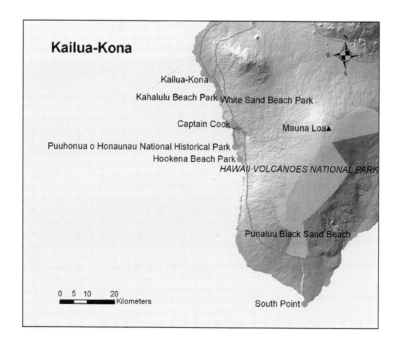

코나 커피는 하와이에서뿐만 아니라 세계적으로 알려진 브랜드이다. 코나 지역은 아침 햇살이 강하고, 오후에는 촉촉이 비가 내리며, 밤에는 춥지 않아 질 좋은 커피가 재배된다.

드서핑, 카약, 잠수함 여행 등 수상 스포츠를 즐길 수 있고, 해안을 따라 자그마한 해변들도 있다. 관광 타운의 중심 도로인 알리이(Ali'i) 도로를 따라 많은 식당들이 해변에 바로 인접해 있기 때문에 눈으로는 저녁노을을, 귀로는 출렁이는 파도 소리를, 그리고 코로는 신선한 바다 향기를 보고 듣고 맡으면서 근사하고 차분한 저녁 한 끼를 즐길 수 있다. 코나는 '코나 커피'라는 국제적 명성을 얻은 커피가 생산되는 곳이다. 코나까지 가는 11번 고속도로를 달리다 보면 군데군데 코나 커피를 선전하는 커피 농장 표지판이 눈에 띈다. 커피를 즐기는 사람이라면 내키는 곳에 들러 견학도 하고, 신선한 커피도 한 봉지 사게 된다. 가끔 한국에 갈 때면 커피 좋아하는 친지들을 위해 사 가는 아이템이다.

코나 주위에는 서너 개의 해변 공원이 널리 알려져 있다. 코나의 중심 관광 타운 약간 북쪽에는 1960년대까지 공항으로 쓰던 곳을 백사장으로 개방한 공원(Old Kona Airport Beach Park)이 있다. 예전에 공항이었던 만큼 매우 넓은 활주로가 공원의 주차장으로 쓰이고 있다. 용암이 굳어진 돌들이

옛 코나 공항 주위 해안을 개방
한 해변 공원(Old Kona Airport
Beach Park). 용암이 굳은 돌들
이 즐비하다.

소규모지만 고운 백사장이 인상적인 화이트샌드비치 공원. 부기보드를 할 만큼의 파도도 일고, 적당
한 구름으로 선탠하기도 나쁘지 않다.

카할루우 비치 파크에는 썰물이 되면 돌에 둘러싸인 조류 풀(tide pool)이 생기는데, 그곳에는 각종 물고기, 장어, 거북 등 바다 생물들이 활개를 친다. 특히 거북은 지천으로 널려 있다고 느낄 만큼 물속에서 자주 만날 수 있다. 덩치가 작은 것들은 예쁘고 귀엽지만 다 자란 거북은 물속에서 더욱 크게 보여 순간적으로 무섭게 느껴지기도 한다. 오른쪽은 한참 기다려 낚은 거북의 얼굴 사진이다.

즐비한 것이 특징이며, 규모가 커서 다소 황량하다는 느낌을 준다. 알리이 도로를 따라 남쪽으로 가다 보면 도로 오른쪽으로 자리 잡은 화이트샌드 비치 파크(White Sand Beach Park)가 눈길을 끈다. 규모는 작아도 고운 모래밭으로 인기를 끄는 해변이다. 군데군데 몸을 태우는 어른들 사이로 어린아이들이 모래를 가지고 노는 모습을 볼 수 있다.

좀 더 남쪽으로는 카할루우 비치 파크(Kahalu'u Beach Park)가 있다. 스노클링을 위해 많은 관광객이 찾는 곳이다. 물에 들어가면 5분 이내에 하와이 푸른 거북을 만날 수 있다. 해안에서 가까운 곳에서도 생각 외로 대형 물고기가 눈에 많이 띈다. 스노클링은 타이밍이 참 중요하다는 것을 이곳에서 알았다. 호텔에 도착하여 오후나절 물에 있었는데 생각보다 성과가 좋았다. 물고기도 많았고 거북도 수없이 만났다. 그런데 이튿날 아침, 아쉬워 다시 물에 들어가 보자 더 맑아진 바다에 더 많은 물고기들이 바닥에서 먹이를 훑고 있는 것이었다. 아침에는 썰물 때라 물이 빠져 오후보다 훨씬 더 먼 바다로 나갈 수 있었다. 사람들과 더 떨어진 그곳의 자연은 더 큰 숨을 쉬고 있었다. 바닷속 생물들의 향연을 고대하는 사람은 스노클링 장비를 들고 바로 이곳으로 오라. 물고기들과의 아쉬운 작별을 뒤로하고 나오며 바라본 저녁노을은 덤으로 받은 선물이었다.

하와이 섬 서쪽으로 넘어가는 해. 구름을 붉게 물들이는 바다의 석양은 언제나 찬연한 느낌을 준다.

❶ 푸우호누아오호나우나우 국립 사적 공원. 전쟁에 패한 전사, 범죄자 등이 몸을 피할 수 있었던 피난처이다. ❷ 공원 내에 쌓아 올린 돌벽은 일반인과 왕족의 생활 구역을 나누는 경계였다. 주변에 자라는 야자수 전경이 이색적이다. ❸ 장승 모형으로 꾸며진 공원 입구 표지판.

푸우호누아오호나우나우 사적 공원 안에 설치된 옛 하와이 사람들의 장기 놀이판. 코나네(kōnane)라 불리는데, 공원 안내소 직원에게 문의하면 놀이 방법을 상세히 알려 준다.

코나에서 한 삼사십 분 남쪽으로 내려오면 초등학생 아들을 데리고 자주 가는 사적지가 있다. 푸우호누아오호나우나우 국립 사적 공원(Pu'uhonua o Honaunau National Historical Park)이라는 긴 이름으로 불리는 이 사적지 는 옛 하와이 인들의 피난처로 거의 완벽하게 과거 모습이 남아 있다. 옛 하 와이 인들의 규율에 따르면, 일반인들은 추장과 같은 지도자의 물건에 손을 대거나, 심지어는 자신들의 그림자가 왕가의 땅을 범할 경우에라도 그 벌로 목숨을 내놓아야 했다. 죽음을 피하기 위해서는 우리의 소도와 같은 피난처 에 몸을 맡겨 정화 의식을 치러야 했다. 싸움에 진 병사들 또한 이곳에 머물 면서 목숨을 보존했다고 한다. 거주지, 카누, 돌벽, 장승 모형 등의 민속자료 들이 번호 순서로 구분되어 잘 보전되어 있다. 아들이 어렸을 때 번호를 하 나하나 쫓아 가며 숫자를 익혔던 고마운 명승지이다.

미국 땅의 최남단

힐로를 떠나 반대편 코나에서 하루를 묵을 예정이라면 빅아일랜드의 최남단 사우스포인트(South Point) 방문을 고려해 볼 만하다. 바람이 많아 풍력 발전 터빈이 돌아가는 곳으로, 가슴이 답답할 때 가끔씩 찾아봄직한 시원한 절벽 해안이다. 젊은 학생들이 와서 수십 미터 절벽 아래로 다이빙을 하곤 한다. 내려다보기만 해도 오금이 저리는 절벽이다. 미국에서 위도상으로 가장 남단에 위치한 주가 하와이이고 하와이 섬들 중 가장 남단에 있는 섬이 빅아일랜드니까, 이 섬의 남단은 미국 땅 전체에서 가장 남쪽 끝이다. 잠시

명실공히 미합중국 영토의 최남단 사우스포인트이다. 작은 보트를 내리고 할 때 쓰던 장비가 앞쪽에 보인다. 지금은 바다로 다이빙한 뒤 다시 올라오는 계단으로 사용되고 있다. 해안 절벽이 꽤나 위험하게 생겼음에도 물에 뛰어드는 사람이 많이 있다.

출렁거리는 하와이 남단의 태평양을 응시하고 있노라면, 한 국가의 영토 가장 끝자락에 와 있다는 뿌듯함을 느낄 수 있다. 사륜 구동의 높은 차를 운전한다면 거친 풀밭을 더 지나 그린샌드 비치(Green Sand Beach)에 닿을 수 있다. 듣기만 해도 재미난 녹사장이다. 하와이에는 모래밭도 색깔별로 다양하게 있다. 백사장은 물론이거니와 흑사장에 녹사장까지. 미국의 최남단 사우스포인트는 안전 요원도 없고 기념품 가게도 없으며 빌딩도 없는 외진 곳이다. 더 이상 갈 곳이 없다는 묘한 아쉬움과 공허함이 출렁이는 파도 소리, 바람 소리와 섞여 마음 한구석에 가라앉고 만다. 아쉽게도 이곳 녹사장은 규모가 점차 축소되고 있어서 최근 이곳을 다녀온 사람이 "그럴싸한 기대를 가지고 가기엔 너무 초라하다."고 소감을 전하기도 하였다. 그래도 정말 궁금하다면 망설이지 말자.

화산 국립 공원에서 남서쪽으로 뻗어 있는 고속도로를 한참 달리다 보면 왼쪽으로 흑사장으로 유명한 비치의 입구가 있다. 푸날루우 블랙샌드 비치(Punaluʻu Black Sand Beach)가 그것이다. 말 그대로 새까만 모래로 덮인 해변이다. 캠핑, 낚시, 스노클링 등 다양한 물놀이를 즐길 수 있다. 덤으로, 이곳에 가면 십중팔구 하와이의 푸른바다거북(green turtle)을 만날 수 있다. 푸른바다거북들은 몸을 데우기 위해 주기적으로 물에서 모래밭으로 나와 한동안 선탠을 즐긴다. 이것은 너무 일상적인 광경이기 때문에 '거북에게서 5m 이상 떨어져 계세요' 하는 안내문이 아예 붙어 있다. 따라서 거북을 반가워한 나머지 가까이 다가가 만진다든가 하는 일은 규정 위반이다. 야생 동물에 대한 애착과 보호 의식이 그 누구보다도 강한 하와이 사람들의 기질이 사회 곳곳에 스며 있다.

하와이 섬 남쪽에 자리잡은 푸날루우 블랙샌드 비치의 전경. 까만 모래라 그런지 맨발로 걷기 힘들 정도로 정말 뜨겁다. 스노클링, 부기보딩, 낚시, 캠핑, 거북 구경 등 다양한 놀거리가 있다. 이 흑사장에는 체온을 올리기 위해 거의 매일 바다거북이 모래밭으로 올라와 일광욕을 즐기는데, 보호를 위해 가까이 가거나 만지거나 하는 행동을 금하고 있다. 쓰레기 무단 투기, 거북 만지기, 모래 가져가기 등의 행위를 금한다는 표지판이 여기저기 붙어 있다.

코할라 지역

코할라는 빅아일랜드에서 가장 오래된 화산이다. 지도에 보면 비가 많은 코할라 북동 사면은 오랜 침식으로 고랑처럼 파여 있는 계곡의 깊이가 섬 그 어느 곳보다도 깊다. 와이피오 계곡 전망대(Waipi'o Valley Lookout)에 서

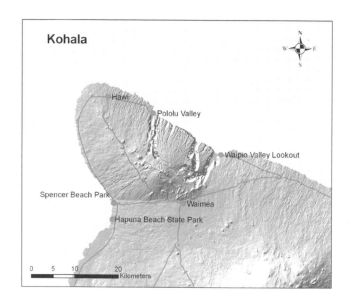

코할라 지역은 하와이 섬에서 가장 오래된 지질을 가지고 있는 곳으로, 많은 계곡 지형들이 장관을 이룬다.

코할라 지역의 와이피오 계곡 전망대에서 본 해안 절벽과 쏟아져 내리는 폭포의 모습.

면 저 멀리 절벽으로 떨어지는 힘찬 물줄기와 절벽을 부술 듯한 파도 소리가 장관을 이룬다.

빅아일랜드 최북단 마을이자 하와이 왕국을 건설한 카메하메하 대왕의 출생지인 하위(Hawi)를 거쳐 가는 270번 도로를 타고 계속 가다 보면 어느덧 도로가 끊기고 경사가 급한 계곡이 눈앞에 보인다. 폴로루 계곡(Pololu Valley)이다. 도로가 끝나는 곳 표지판을 따라 비탈진 길을 30분 정도 내려가면 까만 모래밭과 둥근 자갈이 수북이 쌓인 계곡 바닥에 이른다. 계곡은 바로 바다로 이어져 깨끗하고 조용한 해변을 만날 수 있다. 곱게 부서진 까

하와이 섬 하위에 있는 카메하메하 대왕 동상과 카메하메하 대왕 상징물. 이곳에 있는 것이 최초로 제작된 카메하메하 대왕의 오리지널 동상이다.

만 모래밭과 둥글게 닳은 자갈밭이 함께 어우러져, 별장 하나 조그맣게 지어놓고 휴가 때마다 오고 싶다는 생각이 와락 스미는 그런 곳이다. 아이들 모래놀이에도 좋고, 한적한 해변을 여유롭게 거니는 데에도 적격이다. 코할라 북단으로부터 270번 해변 도로를 달리다 보면 바다 전망이 시쳇말로 죽여줄 것 같은 산 중턱의 묵직한 집들이 보인다. 미국 유명 연예인의 별장이 몇몇 있다는 코할라의 고급 주택가이다.

　동서로 달리는 19번 도로와 270번 도로가 만나는 곳 바로 아래에 빅아일랜드에서 인기 좋고 시설 좋은 스펜서 비치(Spencer Beach)가 자리하고 있다. 미리 예약을 하고 캠핑을 해야 하는 이 해수욕장은 아침엔 조용한 바다가 마음을 가라앉히고, 저녁엔 붉은 노을이 가슴을 들뜨게 하며, 잠자리에

270번 도로가 끊기면 눈앞에 폴로루 계곡이 펼쳐진다. 겹겹이 병풍처럼 들락거리는 해안 절벽이 그림처럼 보기 좋다.

코할라 북단에 위치한 폴로루 계곡 바다의 모습. 해변과 맞닿아 있어 둥글둥글한 자갈과 까만 모래밭이 하얀 파도와 좋은 대비를 이룬다. ⓒ 이병수

개강을 앞두고 다시 찾은 하푸나 비치의 전경. 휴가철 막바지를 맞아 평소보다 많은 여행객으로 북적이고 있다. 우리나라 휴가철 해변에 비하면 '파리 날리는' 수준이지만, 이 정도면 하와이에서는 제법 붐비는 인파라 볼 수 있다. 오른편으로 솟아오른 산 위에 소규모로 발달한 화산들이 인상적이다.

들 시간이면 찰랑거리는 파도 소리가 마치 자장가처럼 피곤한 하루를 정리해 준다. 널찍한 주차장, 안전 요원, 샤워 시설, 전기 시설에 테니스 코트까지 아쉬운 게 없다. 조만간 연휴가 찾아오면 가족을 데리고 또 가야지 싶다.

코할라 지역의 고급 호텔 리조트에 연해 있는 하푸나 비치(Hapuna Beach)도 이 지역에선 인기가 많다. 작열하는 태양 아래 화끈하게 선탠을

하푸나 비치 주변의 기후는 거의 사막과도 같아서 작열하는 태양빛이 정말 뜨겁다. 이곳에서 머무는 동안에는 자그마한 파라솔이 많은 도움이 된다.

즐기고 싶으면 하푸나 비치를 찾으면 된다. 뜨거운 태양이란 이런 거구나 하는 느낌을 뼈 속 깊이 간직하게 해 줄 것이다. 적당한 그늘을 찾기 어렵기 때문에 파라솔을 하나 준비하고, 모래가 지글지글 끓을 것이니 가벼운 샌들이나 슬리퍼도 장만해야 한다. 병원 신세를 지기 싫으면 자외선 차단제를 미리 충분히 그리고 빈번히 바르고, 한 번에 너무 오래 직사광선에 몸을 내놓지 말아야 할 것이다. 해변 평가단에 의해 하와이에서 최고, 나아가 미국에서 최고라는 찬사를 받기도 하는 명소이다.

코할라 지역의 중심지는 와이메아(Waimea)이다. 기후가 건조하여 대규모

코할라 지역 와이메아 일대에는 광활한 목초지가 펼쳐져 있다. 섬 서편의 건조한 지역을 중심으로 분포해 있으며, 비라도 한동안 오지 않으면 화재가 잦다.

초지가 자연적으로 형성되어 있다. 그 환경에 걸맞게 와이메아는 카우보이와 로데오의 중심지이다. 파니올로(paniolo)라 부르는 하와이 카우보이의 역사는 멀리 19세기로 거슬러 올라간다. 방목하는 소 떼를 관리하기 위하여 하와이 왕조는 캘리포니아로부터 멕시코 출신 카우보이 기술자를 데려와 하와이 카우보이, 즉 파니올로를 배출하게 되었다. 이들 카우보이가 활동하는 와이메아 주변의 광대한 초원을 파커랜치(Parker Ranch)라 부르는데, 미국에서 개인 소유 방목지로서는 최대 규모를 자랑한다. 매년 7월 4일 독립기념일에는 로데오 경기가 열리는 등 이 지역 전통의 카우보이 문화를 이어

하와이 섬 코할라 지역에 위치한 와이메아 타운에 파커랜치 센터가 있다. 카우보이 복장과 관련된 의류 및 액세서리를 판매하는 가게를 비롯하여 다양한 상점들이 들어서 있다. 입구의 잘 보이는 곳에는 하와이 카우보이를 상징하는 파니올로의 동상이 세워져 있다.

가고 있다. 카우보이 부츠나 모자에 관심이 있으면 와이메아 파커랜치 스토어에 들러 눈요기하는 것도 괜찮다.

쇼핑할 만한 곳

하와이를 방문하고 떠나는 사람들 손에 들린 물건 중 아마도 가장 흔한 것이 하와이산 마카다미아 너트(Macadamia Nut)일 게다. 고소하고 담백한 맛에 씹는 맛도 아삭거려 남녀노소를 막론하고 즐기는 견과류다. 이 나무를 전문적으로 재배하는 공장이 힐로 외곽에 있다. 마우나로아 마카다미아 너트 공장으로 들어서는 마카다미아 길에 이르면 끝도 안 보이는 마카다미아 밭

하와이의 특산물인 마카다미아 너트는 낱개로 살 수도 있고, 여러 개가 팩으로 포장되어 있는 상품도 있다. 기호에 따라 단맛, 양파 맛, 초콜릿 맛 등 다양하게 고를 수 있다.

이 펼쳐져 있다. 제품을 만드는 공정을 견학할 수 있고, 샘플로 제공되는 몇 가지 너트를 맛볼 수 있다.

힐로에서 하와이 화산 국립 공원 쪽으로 가다 보면 볼캐노(Volcano)라는 작은 타운이 나온다. 화산 바로 옆이라 그런 이름이 붙었겠지만, 처음 들었을 때는 꽤나 귀여운 이름이라고 생각했다. 아무튼 볼캐노 근방 고속도로를 타다 보면 힐로에서 갈 때 왼편에 네모진 큰 건물이 눈에 쉽게 들어오는데, 건물 지붕에 큰 글씨로 아카추카오키드 가든(Akatsuka Orchid Garden)이라 쓰여 있다. 오키드는 열대 난초로서, 하와이 일대에서는 오키드 선발 대회가 자주 열릴 만큼 아주 대중적인 사랑을 받고 있다. 이곳에는 다양한 난초와 정원용 열대 식물이 수없이 있다. 그저 구경만 해도 뿌듯해진다. 세상에 이런 꽃도 있나 눈을 비비게 하는 난들의 자태가, 난에 관한 내 짧은 관념을 완전히 새로 덧칠해 버렸다.

힐로에는 힐로해티(Hilo Hattie)라는 유명한 선물 가게가 있다. 각종 알로하 티셔츠를 비롯해 향수, 액세서리, 과자, 코나 커피 등 다양한 하와이 물건

오키드 가든에는 다양한 난초와 정원용 열대 식물이 수없이 있다. 열대 난초 대회를 위해 출품된 작품들이 입구에서 맵시를 뽐내고 있다.

들이 판매된다. 세일을 통해 값을 내려 판매하는 것들도 많고, 독특한 디자인의 옷들도 많아 한번쯤 들러봄 직하다. 힐로뿐만 아니라 코나에도 있으며, 다른 주요 섬과 멀리 캘리포니아에도 점포가 있다.

　달콤한 초콜릿과 고급 쿠키의 맛을 절묘하게 매치시킨 쿠키 공장도 있다. 빅아일랜드캔디스(Big Island Candies)는 여러 가지 초콜릿을 쿠키에 발라 보기에도 즐거움을 주는 그런 과자를 만드는 공장이다. 선물용 포장을 비롯하여 다양한 재료로 만들어진 쿠키가 즐비하며, 코나 커피와 샘플용 과자들을 맛볼 수 있다. 특히 하와이에서 재배한 마카다미아 너트를 빻아 넣어 과자의 고소한 맛이 일품이다. 쿠키에 초콜릿을 바르는 생산 라인을 통유리로

정문에서 바라본 빅아일랜드캔디스 회사 건물. 정문에 들어서자마자 손님을 맞는 인사와 함께 직원이 샘플 쿠키나 초콜릿을 들고 나온다.

된 벽 너머로 완전 개방해 놓았기 때문에 과자 제작 과정을 들여다볼 수 있는 기회도 된다. 건강상 초콜릿과 과자를 자제해야 할 사람이라면 안 가는 것이 상책이다. 일단 눈에 띄는 샘플을 몇 개 집어 먹다 보면 양손에 한 봉지씩 사들고 나오게 될 공산이 매우 크다. 주차장에 단체 관광 버스들이 늘 들락거리는 걸 보면 쿠키 맛이 남다르긴 한가 보다.

킹스숍(King's Shops)은 코나 비행장 북쪽으로 약 20분 거리에 있는 호텔가 쇼핑센터이다. 매리어트 호텔과 힐튼 호텔로 들어가는 진입로를 따라 해안 쪽으로 천천히 내려가다 보면 오른쪽에 있다. 여유로운 야외 쇼핑몰이며, 푸드 코트와 갖가지 옷과 보석, 하와이 상품 등을 파는 가게들이 이어져 있다. 저녁 시간이면 하와이 음악과 훌라를 곁들인 공연이 방문객들을 위해 진행된다. 매주 화요일 저녁에는 최신 야외 스크린 장비를 이용한 영화가 상영된다. 입장료가 있으니 확인해야 한다. 쇼핑이란 게 으레 그렇지만, 딱히 살 물건이 없어도 오밀조밀한 가게들을 들락거리며 본 적 없는 물건들을 호기심 어리게 쳐다보다 보면 자기도 모르게 여행지에 대한 견문이 생긴 것 같은 만족감이 차오른다.

4장

위험한 낙원

누군가 하와이를 마지막 천국이라 했다. 그처럼 하와이는 조용하고 깨끗한 바다, 내리쬐는 햇빛을 가르며 연중 시원스럽게 부는 무역풍, 추위 없이 자라는 야자수 등으로 지상의 파라다이스로 각인되어 있을 것이다. 하와이를 다녀온 사람들도 보통은 다시 가고픈 이국적 자연으로 하와이 여행을 기억하고 있는 듯하다. 그러나 이것은 아마도 '좋은 것'만 보고 느끼고 돌아갔기 때문이 아닐까.

기후나 자연환경으로는 세계 어느 지역과 비교하더라도 하와이가 참으로 조화를 잘 이룬 낙원임에 틀림없다. 그렇지만 한편으로 하와이는 태평양 한중간에서 화산 활동으로 만들어진 까닭에 어쩌면 물과 불로 에워싸인 채 오갈 데 없는 위험 속에 놓여 있다고 볼 수 있다. 이를 이해하기 위해서는 하와이 자연환경의 역사를 되돌아봐야 한다. 지구 상에서 가장 왕성한 화산 활동, 연간 수천 건의 지진, 부지불식간에 덮치는 쓰나미, 건조 지역의 산불, 빈번한 사태 이 모든 것이 하와이에서 일어나고 있다.

아! 지진이구나

　2006년 10월 15일 아침 7시 7분. 글을 쓰면서 이날이 생각났다. 그저 텔레비전 화면이나 사진으로 봐 왔던 대형 지진을 체험한 날이기 때문이다. 일요일 아침이었다. '이른 아침부터 웬 중장비를 동원한 공사를 이렇게 가까이서 예의 없이 한단 말인가?', '아파트 무너지겠네.' 뭐 이런 불만 어린 생각을 하면서 억지로 잠에서 깨었다. 공사가 잠잠해지는 듯하더니, 5분이나 지났을까? 다시 아파트 벽을 좌우로 흔드는 큰 진동이 침대 위로 전해져 왔다. 대학서 자연지리학을 가르치는 내가 아닌가. 이전에 경험하지 못한 것이었지만 직감적으로 '여기는 하와이고, 이것은 여진이다' 라는 생각이 들었다. 동시에 이불을 걷어차고 나와 현관문을 활짝 열었다. 아파트 2층에 사는 터라, 주위 사정을 보고 여차하면 가족을 데리고 문 밖을 나서야 한다는 생각이 들어서였다. 지질조사국의 발표에 따르면 규모 7 정도의 강진이었다. 정확히 측정할 수야 없었지만 눈으로 보기에 아파트 벽이 50cm 이상 좌우로 흔들렸을 정도의 충격이 우리가 사는 타운 힐로에까지 전해져 왔다. 두 번째 지진 경험은 약 10개월 뒤인 2007년 8월 13일 저녁이었다. 허리케인 플로시(Flossie)가 아직 하와이 남해 상에 있는 상황에서 찾아온 규모 5.5의 강진이었다. 하와이에 더욱 가까이 다가온 허리케인 플로시의 상황을 인터넷을 통해 실시간으로 쳐다보고 있는 중이었다. 책상과 그 위에 놓인 모니터가 춤을 추듯 흔들리는 것이었다. 허리케인 경보 중에 찾아온 지진은 자주 경험하기 힘든 것이었기도 하지만, 하와이가 자연재해에 얼마나 가까이 노출되어 있는가를 실감하는 순간이기도 하였다.

2006년 10월 15일 발생한 하와이 지진으로 와이피오 계곡의 바다 쪽 절벽에서 토사가 쏟아져 내리고 있다.

일반적으로 지진의 규모를 척도화할 때 리히터 척도(Richter scale)를 쓴다. 그러면 예를 들어 규모 6과 7은 어느 정도 차이가 날까? 지진의 크기를 수치화할 때 사용하는 이들 숫자가 지진에 관계된 에너지에 선형으로 비례하는 것은 아니다. 다시 말해, 단계 하나가 올라갈 때마다 지진 에너지는 기하급수적으로 증가한다. 규모 7의 지진은 규모 6의 지진보다 무려 32배 이상 강도가 큰 것이다. 따라서 규모 5와 7은 에너지 측면에서 거의 1,000배 차이가 나게 된다. 지진은 보통 두 지각판이 만나 서로 큰 힘으로 스트레스를 주다가 어느 한순간 삐끗하여 경계 지점에 쌓여 있던 에너지가 순간적으로 터져 나오면서 생기는 현상이다.

　하와이의 많은 지진 활동은 왕성한 화산 활동에 기인한다. 용암이 저장된 곳이나 용암이 지나가는 통로 주위를 따라 빈번하게 발생하는 지진을 통칭해서 화산성 지진(volcanic earthquake)이라 부른다. 그런데 다른 한 종류의 지진, 특히 강도 높은 큰 규모의 지진은 하와이의 특이한 상황으로 일어난다. 그 원인은 하와이 자신의 무게 때문이다. 이미 언급한 대로 하와이의 섬들은 모두 화산 활동으로 만들어졌으며 대양의 바닥에서부터 엄청난 양의 용암이 쌓이고 쌓여 물 위로 올라왔다. 이 육중한 화산체들이 지각판 위에 올라앉아 있으면 내리누르는 힘이 엄청나다. 따라서 그 무게로 인해 지각판이 변형되거나 균열이 생기고, 그곳을 통해 크고 작은 에너지의 발산, 즉 지진이 일어나는 것이다. 이처럼 지각 운동에 따른 구조적 원인으로 인해 일어나는 지진은 강도가 아주 크며, 화산성 지진과 대비되어 구조 지진(tectonic earthquake)이라 불린다.

　하와이 역사상 최악의 지진은 1868년 4월 2일 발생한 규모 7.9의 지진이었다. 당시 81명의 인명 피해가 있었고 수백 채의 가옥이 파손되었다. 그 다음으로 피해가 컸던 것은 1975년 11월 29일 새벽에 발생한 지진으로, 지진 강도는 7.2로 기록되었다. 극심한 지진의 여파로 지진 발생 약 30분 후에 마그마 분출이 시작되어 그 이튿날인 11월 30일 새벽에서야 가스와 마그마 분출이 멎었다. 이후 수개월 동안 크고 작은 수천 건의 여진이 감지되었다고 한다.

용암이 만든 역사

　지구 상의 화산 활동은 일정한 지역에서 빈번하게 나타난다. 일본 열도로부터 알래스카 반도를 거쳐 미서부 지역, 그리고 남아메리카 서해안 지역은 모두 환태평양 화산대에 놓여 있다. 태평양 주위를 돌며 분포된 이들 지역을 통칭 '불의 고리(Ring of Fire)'라고 부른다. 이 지역은 지각이 불안정하여 지진이 잦고, 활화산 지대에서는 용암이 터져 나온다. 해양과 육지를 이루는 지구의 지각판은 여러 개로 나눠져 있으며, 이들 지각판이 서로 만나 부딪치

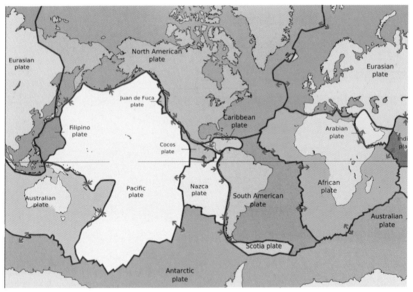

열 개가 넘는 세계의 지각판 들의 경계를 표시한 지도. 지구가 이러한 지각판들로 짜여져 있다는 지질 이론을 '판 구조론'이라 부른다.

는 주변부 지역에 대다수의 화산 활동이 집중된다는 것은 잘 알려진 사실이다. 그러므로 태평양 한가운데에서 발생하는 화산 활동과 지진은 대륙 상황에 익숙한 사람들에게는 다소 의아하게 느껴질지도 모른다.

도대체 하와이를 만들어 낸 화산은 어떻게 생겨난 것인가? 그 비밀은 해저 깊숙이 자리 잡은 핫스폿(hot spot)에 있다. 우리말로 번역하면 '열점(熱點)' 정도가 될 것이다. 지구 지각 아래 깊은 곳에 용암 물질이 모여 있는 커다란 방과 같은 공간이 있다는 말이다. 그 뜨거운 용암이 어떻게 그런 공간에 고여 있을까? 과학적으로 타당성을 인정받고 있는 가설에 따르면, 이는 뜨거운 것은 위로 오르고 식으면 아래로 내려오는 물질의 대류 현상과 같다고 한다. 용암은 녹아 있는 돌덩이이다. 지구 지각보다도 훨씬 깊은 지구의 중심부로 가면 고온 고압의 상태에서 암석이 점액질의 형태(마그마)로 존재하는데, 이 물질은 위아래로 대류하면서 움직이고 있을 것이다. 그런데 어느 특정 지점에서 이 뜨거운 마그마 물질이 지구 내부의 대부분을 차지하는 맨틀을 통과하여 지각층 아래까지 상승하는 경우가 생긴다. 이렇게 용암이 흘러들어 모여 있는 특정 지점이 바로 핫스폿이다. 어떤 과정으로 긴 통로가 만들어지고 물질의 상승 작용이 어느 깊이에서 시작되는 것인지 등의 근본적인 지구물리학적 의문은 아직 과학자들 사이에서도 풀리지 않고 있다. 아무튼 핫스폿의 근원지가 어디든 간에 지질학자들에 의하면 100여 개의 핫스폿이 전 세계에 분포되어 있는 것으로 추산된다.

마그마 활동이 가장 왕성한 핫스폿의 예로는 하와이를 비롯하여 북아메리카의 옐로스톤 국립 공원, 북유럽의 아이슬란드 등이 있다. 이 핫스폿을 거쳐 지각층을 통과한 용암은 마침내 해저에서 솟아오르게 되는데, 수백만 년

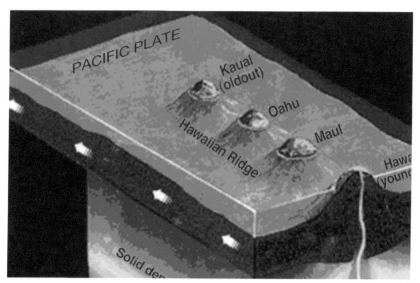

PACIFIC PLATE

Kaual
(oldout)

Oahu

Maul

Hawaiian Ridge

Hawa
(young

Solid der

핫스폿을 통한 하와이 섬의 생성. 핫스폿의 위치는 고정된 반면 위쪽의 지각판은 일본 방향으로 움직여 왔기에 동북쪽으로 갈수록 섬의 나이가 많다.

간의 용승 작용으로 쌓이고 쌓인 화산 암석 물질이 키를 높여 해수면 위로 올라온 것이 하와이의 섬들이다. 해양 지각 아래로 깊이 자리한 핫스폿은 지난 수천만 년간 정지된 상태이지만, 지각층은 핫스폿 위로 항상 미끄러지듯 이동해 왔다. 따라서 핫스폿으로부터 생겨난 섬들은 시간이 지남에 따라 핫스폿에서 점점 멀어지게 되었다. 그리고 핫스폿 위로 새로 위치한 지각에서는 또 다른 섬이 생겨나는 반복적 작용의 결과 일련의 섬들이 군집을 이루게 되었다.

이미 바다 밑으로 가라앉은 해저의 지형을 살펴보면, 지난 수천만 년 동안의 지각 이동과 핫스폿의 용암 활동으로 수많은 화산체들이 하와이부터 멀리 알래스카 알류샨 열도까지 연속적으로 이어져 있음을 알 수 있다. 하와이 지각의 경우, 최근 6백만 년 동안 북서쪽으로 지각판이 이동해 갔기 때문에 핫스폿에서 북서쪽으로 가장 멀리 자리한 카우아이가 하와이 주요 섬들 중 가장 오래된 형이고, 다음으로 호놀룰루가 있는 오아후, 몰로카이, 마우이, 하와이 섬 순으로 나이가 어려진다. 가장 어린 하와이 섬의 나이는 위치에 따라 다르지만 대체로 60만 년에서 100만 년 정도로 계산된다. 이러한 하와이 탄생 원리를 뒷받침하듯, 현재 하와이 섬 동남쪽 34km 해저에서 신생 화산이 자라고 있다. 로이히(Loihi)라고 이름 붙여진 이 해저 화산은 현재 해수

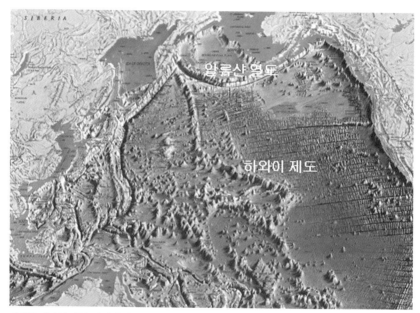

태평양 바닥의 지형. 수천만 년 동안의 지질 작용으로 하와이 제도로부터의 해저 산맥이 알류샨 열도까지 닿아 있다.

면 아래 약 1km 깊이에 위치해 있으며 언젠가 해수면 위로 올라와 또 하나의 하와이 섬을 만들어 낼 것이다.

하와이에서 가장 크고 높은 화산과 뜨거운 화산은 모두 가장 어린 하와이 섬에 위치하고 있다. 지구상에서 가장 활동적인 킬라우에아 화산은 하와이 섬 동남쪽에 자리하고 있는데, 1983년 용암 분출이 시작된 이래 현재까지 중단 없이 용암을 쏟아내고 있다. 화산학의 살아 있는 모델로서 현생 화산 중 가장 많은 관심을 받고 있는 곳이다. 하와이 최고봉을 이루는 하와이 섬의 마우나케아(Mauna Kea)는 산 정상에 눈이 덮이는 경우가 잦고, 높이는 해발 4,205m에 이른다. 마우나케아와 자매를 이루는 마우나로아(Mauna Loa)는 해발 높이가 마우나케아보다 약간 낮은 4,170m지만, 해저 기저부로부터 계산하게 되면 그 높이가 세계 최고봉으로 알려진 에베레스트(8,850m)보다도 1,200m 정도 더 높고, 단일 산으로는 그 부피가 세계 최대이다. '긴 산'을 뜻하는 이 산의 정상까지 산행하는 것이 그리 쉽지 않다고들 하는데, 언젠가 내 발로 걸어 올라가 나만의 귀한 무용담을 만들고 싶은 욕심이 있다.

여신 펠레의 호흡 - 보그

가끔 멀리 출장을 갈 때면 마음이 즐거우면서도 괴롭다. 많은 학회나 모임이 십중팔구 내가 있는 섬이 아닌 다른 섬, 특히 오아후나 미국 본토에서 열리기 때문이다. 우선 미국 본토는 어디를 가든 국제선과 같은 긴 여행을 해야 하기 때문에 몸이 여간 피곤한 게 아니다. 하와이에서 가장 가까운 대도시는 캘리포니아에 있는 곳들인데, 그래도 최소한 예닐곱 시간은 날아가야 한다. 하물며 목적지가 동부 도시일 때는 15시간에서 20시간에 이르는 끔찍한 시간을 비행기와 공항에서 보내야 한다. 하와이에서 인천공항까지의 여정이 8~10시간인 점을 감안하면 생각하기도 싫은 출장길이 되기 십상이다. 그래도 섬을 떠나면 한 가지 즐거운 일이 있는데, 바로 하와이에 있으면서 생긴 알레르기로부터의 탈출이다. 하와이의 청명한 공기를 마시면서 무슨 난데없는 알레르기냐고 핀잔 받을 게 뻔하다. 하지만 모르시는 말씀. 하와이에는 생각 외로 알레르기 환자가 많다. 미국 본토처럼 꽃가루가 계절에 따라 심하게 날리는 것도 아니고, 서울 하늘처럼 뿌연 공해가 있는 것도 아닌데 도대체 하와이 알레르기의 정체는 무엇일까? 사람마다 알레르기를 일으키는 원인에 차이가 있겠지만, 나를 비롯해 다수 환자들의 경우 화산이 뿜어내는 독성 물질, 즉 보그(Vog)가 그 원인이다.

Vog는 volcanic smog의 줄임말이다. 화산 활동으로 생긴 스모그 현상을 가리킨다. 현재까지 거의 25년 동안 줄기차게 뿜어져 나온 화산 가스는 눈과 목 그리고 코의 점막을 자극하여 눈물, 콧물, 재채기, 인후통을 쉽게 유발한다. 호흡기 질환이 있는 어린아이나 노약자에게는 더더욱 심한 피해가 간다. 하와이의 화산을 관장한다는 불의 여신 펠레의 활동이 활발해질수록 피해자는 늘어난다. 심한 경우에는 초중등학교의 수업을 취소하고 외부 활동을 자제하라는 보도가 각종 매체를 통해 전달된다. 주로 바깥에서 일하는 사람들은 일거리에도 직접적으로 영향을 받기 때문에 이들은 건강에 피해를 입게 될 뿐만 아니라 생계에도 큰 타격을 받게 된다. 나 또한 안타깝게도 매

화산 가스 분출이 왕성해질 때 북동쪽에서 불어오는 무역풍이 약해지면 이내 보그가 인근 타운을 덮어 주민들을 괴롭힌다. 힐로 주택가가 보그에 잠겨 시야가 뿌옇게 흐려 있다.

일 아침 알레르기를 완화시키는 약을 먹는 신세가 되었다. 그 약이라도 먹어야지, 그렇지 않으면 하루 온종일 재채기와 콧물, 눈물샘 가려움증으로 여간 괴로운 게 아니다. 그런데 다른 주로 출장만 가면 호텔에 짐을 풀자마자 간질거리는 코와 눈의 느낌도 없어지고, 그날 저녁부터는 재채기와 콧물이 그야말로 거짓말처럼 사라진다. 분진과 매연이 마치 담요처럼 덮여 있는 서울을 방문할 때도 이 알레르기는 없어졌다. 볼일을 마치고 다시 하와이 집으로 돌아오면 또다시 곧장 휴지에 손이 간다. 보그에 대한 반응은 사람마다 달라서 아내에게는 특별한 증상이 없다. 사람이 너무 민감해도 탈이다.

보그는 이러한 보건 문제 외에도 작물을 키우는 농업에도 심대한 타격을 준다. 보그가 짙게 끼는 동시에 섬을 식혀 주는 무역풍이 약해지기라도 하면 보그가 떠다니는 지역에서 꽃과 과수 농사를 하는 사람은 일종의 자연재해를 맞게 된다. 화산 가스의 주성분은 수증기, 이산화황, 이산화탄소인데, 가스로 뿜어져 나오는 이산화황에 질식되어 대부분의 작물들이 죽어 버리기 때문에 농부들의 피와 땀이 한순간에 물거품이 되는 경우가 있다. 보그로 인한 피해는 화산이 분출하는 하와이 섬에서 가장 심하지만 이것이 바람에 날려가기 때문에 바다 건너 오아후까지 영향을 미친다. 보그의 높은 농도가 장기간 지속되면 관광객의 감소로까지 이어진다. 하와이에 볼일이 있어 오는 사람들은 가족을 동반하는 경우가 많은데, 보그 피해가 있으면 따라오는 가족 수도 줄게 되어 결과적으로 연쇄적인 '보그 효과'를 낳게 된다. 수많은 구경꾼을 끌어들이는 장본인이자 하와이의 자랑인 활화산이 정작 펠레의 땅에서 살아가는 주민들에게는 괴로운 눈물을 흘리게 하는 셈이다.

위협적인 바다 속 지진

쓰나미 역시 하와이 사람들에겐 위협적인 자연현상이다. 크리스마스 다음 날이었던 2004년 12월 26일 인도네시아 수마트라 부근에서 발생한 해저 지진으로 유엔 통계상 229,866명이 사망하거나 실종되는 인류 역사상 가장 참혹한 쓰나미가 발생하자, 전 세계 사람들이 받은 충격은 이만저만이 아니었다. 쓰나미는 영문으로 tsunami로 표기되며, 종종 조석파(tidal wave)로 불

WHAT IS A TSUNAMI?

The Japanese word "tsunami" is represented by the characters "Tsu" and "Nami", which roughly translates as "harbor wave"

津波

태평양 쓰나미 센터 내부 벽면에 걸린 쓰나미 용어에 대한 설명.

리기도 한다. 그러나 발생 원인과 관련하여 조수(tide)와 쓰나미는 직접적으로 아무 관련이 없기 때문에 다수의 해양학자들은 쓰나미를 지칭하는 말로 조석파를 권하지 않는다.

쓰나미는 본래 일본에서 항구에 불어닥친 비정상적으로 높은 파도를 칭하는 용어로, 한자 표현 津波를 훈독한 것이다. 이를 단순한 일본식 용어라고 보기보다는 기상 현상이 아닌 지진, 화산 활동, 산사태, 운석 낙하 등에 의해 높은 파도가 발생하여 해안으로 밀려드는 현상을 개념적으로 정의한, 합의된 '과학 용어'라고 이해했으면 한다. 우리나라 한자어 '해일'은 다소 광범위한 표현이다. 쓰나미와 관련해 많은 보도에서 쓰나미 대신 '지진해일'이란 표현을 쓰기도 하는데, 가장 흔한 쓰나미 발생 원인이 지진이므로 '지진해일'의 통용에는 큰 문제가 없어 보인다.

하와이는 바다 한가운데에 놓여 있기 때문에 태평양 주변 어디에서 지진이 발생하든 쓰나미 피해를 입을 수 있는 처지이다. 통계적으로 볼 때 최근

과거 쓰나미로 인해 바닷물이 차올랐던 높이를 야자수에 높게 표시해 놓아 쓰나미의 위험성을 상기시켜 준다.

200여 년 동안 하와이에 발생한 쓰나미는 50여 개로 기록되어 있지만, 심각한 피해를 준 경우는 일곱 번 정도이다. 그중에서 하와이에 치명적인 피해를 준 쓰나미의 원인은 사실 하와이와는 거리상으로 머나먼 곳에서 발생한 지진이었다. 비록 오래전 이야기지만, 1946년과 1960년의 쓰나미로 인한 아픈 기억이 하와이 주민의 뇌리에 아직 강하게 남아 있다. 1946년 쓰나미는 알래스카 꼬리 부분인 알류샨 열도에서 발생하여 태평양을 가로질러 이내 하와이를 강타하였다. 하와이에 도달한 쓰나미는 최대 17m의 파고를 동반하며 무려 170명의 목숨을 앗아 갔다. 1960년 쓰나미는 더 멀리 떨어진 남미 칠레에서 발생하여 하와이 섬 최대 도시인 힐로를 강타, 61명이 목숨을 잃었다. 이 쓰나미로 인해 해안가에 위치한 힐로 다운타운 지역은 대부분의 건물이 심각한 피해를 입었다. 이후 이 지역은 쓰나미 위험 구역으로 지정되어 지금까지 개발 제한 구역으로 묶여 있고, 해안 부지는 축구장 등으로 사용되고 있다. 이 두 사례는 쓰나미 발생원이 멀리 떨어져 있었던 경우이다.

그렇지만 하와이 인근에서 발생한 지진 등으로 인한 쓰나미도 문제는 심각하다. 이런 쓰나미는 해안까지의 도달 시간이 매우 짧기 때문에 대비책을 강구할 시간이 사실상 없다는 점에서 그 위험성이 증가한다. 1975년에 하와이 부근에서 일어난 지진의 여파로 쓰나미가 발생했는데, 지진 발생 후 불과 20분 만에 힐로에 도달, 결국 2명의 인명 피해를 냈다.

1946년 쓰나미 사고 이후 하와이에는 호놀룰루에 본부를 둔 태평양 쓰나미 센터가 만들어졌다. 태평양 주변에서 발생하는 모든 지진 자료와 해수면 측정 자료를 모아 쓰나미 경보를 실시간으로 발령하는 체제를 갖추고 있다. 비교적 강도가 큰 지진은 언제든지 쓰나미를 만들어 낼 수 있기 때문에, 지진 발생이 빈번한 하와이에서는 지진 보고가 있을 때마다 항상 쓰나미 가능성을 함께 발표하며 주민들도 항상 큰 관심을 가지고 주의를 기울인다.

최근 하와이 재해 당국을 긴장시킨 사례가 있었다. 2007년 8월 15일에 남미 페루의 수도 리마 인근 해저에서 규모 7.9의 초강진이 발생하여 400여 명의 사망자를 낸 것이다. 페루는 1960년 하와이에 쓰나미 악몽을 가져다 준 칠레와 가까운 나라이다. 수천 킬로미터나 떨어져 있는 국가들이지만 대규모 지진이 하와이에 가져올 끔찍한 재해 가능성을 이미 뼈저리게 경험한 탓에 주민들은 하와이 재해 당국의 발표에 특별한 관심을 보이고 있었다. 페루

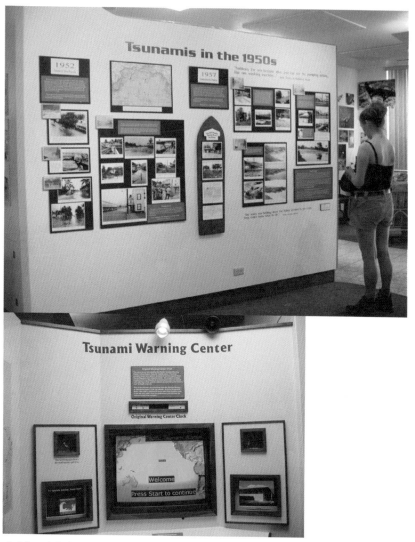

태평양 쓰나미 센터 내부 전시물. 연도별 쓰나미 피해 상황을 담은 사진 자료가 다수 전시되어 있다. 아래는 쓰나미 경보 시스템 모형이다. 각 대륙에서 발생한 쓰나미가 하와이에 도달하는 데에 걸리는 시간을 시각적으로 보여 준다.

의 강진으로 쓰나미가 발생하면 태평양을 가로질러 불과 12시간 후 하와이 해안을 덮칠 수 있다. 지진이 발생하자 태평양 쓰나미 센터는 페루, 칠레, 에 콰도르, 콜롬비아, 파나마, 코스타리카 등 인근 11개국에 쓰나미 경보 또는 주의보를 발령했고, 페루 정부는 비상 사태를 선포했다. 참고로, 페루에서는 1970년 5월 비슷한 규모의 지진으로 66,000명이라는 가히 경악할 만한 숫 자의 사상자를 낸 바 있다. 페루에서 칠레로 길게 이어지는 남아메리카 서해 안은 안데스 산지가 높이 솟아올라 있는 지진 빈발 지역으로서 지구상 대규 모 지진의 3분의 2가 발생하는 곳이다.

태평양 전역에 쓰나미의 영향을 끼칠 수 있는 지진 규모는 보통 규모 8 이 상으로 알려져 있는데, 다행히 몇 시간 후 쓰나미 주의보가 해제되었다. 실

쓰나미 영향권역 표지판. 지대가 낮 은 곳으로 들어서는지, 높은 지대로 올라가고 있는지를 알리는 거리 표지 판이다.

제로 쓰나미가 발생하진 않았지만, 칠레나 가까운 페루에서의 대규모 지진에 하와이가 얼마나 긴장하는지를 보여 주었다. 페루 지진이 발생한 그날, 바로 옆방을 쓰고 있는 한 교수가 퇴근길에 이런 말을 했다. "이번 주에는 허리케인, 지진, 쓰나미 경보가 있었으니 이젠 용암이 흘러내리고 운석이 떨어지는 것만 남았네요!!" 이 모든 것이 지상 낙원에 살면서 치러야 하는 대가가 아닌가 하는 생각이 들었다.

폭풍과 허리케인

지구상 최대의 바다 한가운데에 위치해 있으면서도 하와이에는 허리케인의 피해가 그다지 많지 않다는 점은 참으로 아이러니한 일이다. 허리케인이 하와이를 강타한 최근의 사례는 1992년 허리케인 이니키(Iniki)가 카우아이를 휩쓸고 간 경우였다. 당시 6명이 목숨을 잃었고 재산 피해액도 2,500만 달러에 이르렀다. 미국 본토와 마찬가지로 하와이의 허리케인 시즌도 6월 1일부터 11월 30일까지인데, 평균적으로 하와이에는 매년 4~5개의 열대성 폭풍이 찾아오고 있으며, 약 15년에 한 번꼴로 허리케인이 피해를 주고 가는 것으로 집계되고 있다. 이 글을 쓰고 있던 와중(2007년 8월 13일)에도 플로시라 명명된 허리케인이 태평양 중앙에서 발원하여 카테고리 4 규모로 하와이를 향해 북서진하고 있었다. 개학한 지 며칠 되지 않았지만 대학교를 포함한 모든 공사립 학교들이 이례적으로 이틀이나 연속으로 임시 휴교를 했으며, 주요 대형 마켓은 주민들이 물, 건전지, 일회용품, 캔 음식 등 비상

1992년 허리케인 이니키가 왔을 당시의 상황을 잡은 사진. 하와이에서도 카우아이가 가장 큰 피해를 입었다.

용품을 구입하느라 붐볐다.

허리케인은 열대성 저기압대가 가장 잘 발달한 것으로, 인공위성 자료에 보면 '태풍의 눈'이 선명하게 보이고 전형적인 반시계 방향의 회전 모양새가 확연하게 눈에 들어온다. 허리케인의 중심 풍속은 시속 119km 이상이며, 지역에 따라 그 이름이 달리 불린다. 북반구의 경우, 잘 알려진 대로 날짜 변경선으로부터 동쪽 방향으로 영국 그리니치까지의 범위에서는 '허리케인(hurricane)'이라 부르고, 반대로 날짜 변경선 서쪽편 태평양에서 발달한 것은 '태풍(typhoon)'이라 부른다.

앞서 이야기한 대로 심각한 영향력을 가진 허리케인이 하와이에 직접적인 피해를 주는 경우는 생각보다 드문 편이다. 이는 하와이 주변 해수의 온도와 관련이 깊다. 큰 규모의 저기압대가 발원하여 그 세력을 더해 가기 위해서는 해수면으로부터의 에너지 공급이 필요한데, 이 에너지는 막대한 양의 해수 증발과 응결 과정을 통해 얻어진다. 따라서 주요 허리케인의 발원과 발달에는 증발이 쉽게 일어날 수 있는 따뜻한 해수 조건이 필요하다. 그러나 하와이 주변의 해수 온도는 상대적으로 낮아서, 발달하는 허리케인이나 폭풍이 하와이를 향해 접근하더라도 낮은 수온으로 인해 그 세력이 점차 약해지게 마련이다. 유비무환이라고, 허리케인 플로시가 왔을 때 몇 통의 식수와 컵라

2007년 8월 허리케인 플로시가 북상하는 모습을 보여 주는 레이더 관측 자료.

면, 비상약품, 가스버너와, 얼마의 현금, 중요 문서, 옷가지 등을 챙겨 놓고 인터넷과 텔레비전을 통해 시시각각 실시간 보도를 경청하고 있었다. 다행스럽게도 우리가 사는 지역의 경우는 큰 피해 없이 허리케인이 비켜 가서 그 모든 비상 준비물을 다음 기회에 쓰기로 하였다. 하와이 남쪽 해상에서 카테고리 4로 올라온 허리케인 플로시는 이틀 만에 단계 2로 약해졌으며, 하와이 섬 남쪽 인근 해상을 거쳐 소멸하고 말았다.

허리케인보다 세력이 약하면서 하와이에서 흔한 것은 열대성 폭풍이다. 이 역시 일반적으로 열대성 저기압대가 발달하며 만들어지는데, 중심 풍속이 시속 63~118km에 이르며, 국지적으로 강풍과 높은 파도, 홍수를 야기한다. 보통 허리케인이 점차 그 세력을 소실하면서 세력 발달의 말기를 지나면 원형이나 타원형이었던 허리케인의 강한 세력 형태가 점차 넓게 산개하며 그 외형을 잃고 열대성 폭풍으로 변한다. 경사지가 많고 토양 유실이 쉽게 일어나는 하와이의 지형 조건상 빈번한 홍수 현상은 토사 유출이나 산사태를 발생시키는 주요 원인이다. 열대성 폭풍보다 더 낮은 단계의 것은 'tropical depression'이라 부르는데, 이를 우리나라 기상청 용어로 바꾸면 '열대성 저압대'가 된다. 허리케인과 같은 정형화된 모양을 갖추지 않은 각각의 폭풍 단위가 여럿 모인 세력으로 나타나며, 중심 풍속은 더욱 떨어져 시속 62km 이하로 내려간다. 세력은 비교적 약하지만 국지적인 강풍과 폭우를 동반하며, 'flood watch'라 불리는 홍수 주의보가 흔히 발령된다.

비록 하와이에서는 허리케인 규모의 저기압 발달은 흔치 않지만 우기에 해당하는 겨울철에는 폭우가 쏟아지는 일이 잦다. 하지만 장대비가 한참 내려도 예상보다 침수 피해가 적은데, 이는 구멍이 숭숭 뚫린 기반암의 특성 때문이다. 제주도에서 흔히 볼 수 있는 현무암을 생각해 보면 그 이치를 바로 이해할 수 있을 것이다. 용암이 식어 생긴 암석 중에서도 지표 위에서 금방 식어 굳은 암석은 조직이 치밀하지 못하고 기공과 같은 틈새가 많이 발달해 있어서 빗물이 쉽게 지하로 빠져나갈 수 있는 구조를 가졌다. 한참 시내에 비가 쏟아지면 도로에 한 뼘 깊이 이상 물이 흥건하게 고이지만, 비가 그치고 나면 그 많던 빗물이 어디론가 사라지고 보이지 않는 것이 보통이다.

5장

풀어야 할 숙제

처음 하와이에 일자리를 잡고 이사 올 때, 주위 사람들은 지상의 낙원으로 간다며 모두 부러워했다. 나도 보통 사람들이 갖는 막연한 기대와 설렘만이 있었다. 솔직히 말하면, 살기 좋은 환경과 비싼 물가 뭐 이 정도가 내가 생각하고 있던 하와이의 전부였다. 며칠 휴가를 즐기러 하와이를 다녀갔다면 아마 부러울 것 없는 곳이라는 생각을 가졌을 것이다. 그러나 하와이를 생활 터전으로 하는 사람, 특히 외부에서 건너와 살게 된 사람에게 하와이는 부족함이 없는 천국은 아니었다.

몇 년 동안 일간 신문을 보고 개인적 경험이나 간접 경험을 듣고 살면서, 이곳 하와이에도 크고 작은 문제점이 참 많다는 생각을 하게 되었다. 일자리를 잡아 오는 많은 이주자들이 몇 년 안에 하와이를 떠나는 비율이 높고, 교육이나 의료 분야에 젊고 유능한 전문 인력이 부족하며, 지리적 고립성으로 인해 각종 서비스나 편의 시설이 모자란 점 등은 극복하기 힘든 난제로 남아 있다. 아직 청정한 환경으로 관광 산업을 무리 없이 운영해 가고는 있지만 환경 문제가 점차 큰 문제로 떠오르고 있고, 아이들의 교육 문제며 다인종 문화에서 파생되는 문제도 하와이 공동체가 해결해야 할 숙제들이다.

어떤 사회든 문제 없는 곳이 어디 있을까마는, 하와이에서 사회적 이슈로 자주 등장하는 주제를 중심으로 하와이의 과제에 대해 나름대로 정리해 볼까 한다.

오지 않는 의사

　살기 좋은 곳으로 휘황찬란하게 소개되는 하와이는 주의 유일한 대도시 호놀룰루를 주요 대상으로 한 것이다. 호놀룰루를 제외한 대부분의 하와이 지역에서는 도시 발달이 미약하다. 그래서 다양한 도시 기능을 즐기려는 젊은 층이 하와이로 이주하여 장기간 거주하는 경우가 많지 않다. 하와이는 전체 인구 증가율이 연 0.8%인 데 비해 65세 이상 고령 인구의 증가율은 1.9%나 된다. 인구의 고령화가 빠르게 진행되고 있는 것이다. 2007년 조사된 바에 의하면, 나이순으로 따져 중앙에 있는 사람의 나이, 즉 연령의 중앙값이 섬 지역에 따라 38세에서 40세에 이르고 있다. 얼마 전 동양 음식을 하는 간이식당에 들러 도시락을 주문하고 있었는데, 우리 가족끼리 하는 말을 듣고 식당에서 일하는 한 분이 "한국분이세요? 아유, 젊으신 분이네요. 여기 사세요? 젊은 분은 정말 오랜만에 뵙네요. 반가워요." 하시는 것이었다. 하와이로 오래전에 이주한 한인들은 제법 있지만 젊은 가족이 힐로 같은 하와이 소도시로 잘 오지 않는다는 것을 간접적으로 알 수 있는 말이었다.

　특히 문제가 되는 것은 하와이에서 근무하는 의료진의 나이가 빠르게 고령화될 뿐만 아니라 이들을 대체할 젊은 의사의 숫자가 크게 모자란다는 점이다. 우리 가족을 담당하고 있는 의사가 간혹 하는 말이, "이제 나도 나이가 들어 자주 아픈데 날 돌봐 줄 의사가 없다. 젊은 의사 부인들이 이런 촌에 이사 오지 않으려 한다."는 것이다. 그래서 새로 이주해 오는 사람들이 패밀리 닥터, 즉 가족 주치의를 찾기가 어려워 몸이 아플 때 제대로 의료 혜택을 받지 못하는 사례가 크게 늘어나고 있다. 하와이 주정부도 이런 문제를 타개

하기 위해서 노력을 하고 있지만 이것은 단순히 의사 고령화의 문제가 아니라는 데에 어려움이 있다. 미국 본토에서 젊고 유능한 의사를 끌어오는 데는 의료 보험 체계의 개선, 의료 시설의 개선, 의사들의 연봉, 의사 배우자 및 가족들을 위한 보조 정책과 프로그램 등 여러 가지가 얽혀 있어 문제 해결의 속도가 느리다. 실천적 방안의 하나로 하와이 출신 학생들의 의과대학, 간호대학, 약학대학 진학을 장려하여, 공부를 마치면 다시 하와이로 돌아와 의사, 약사, 간호사로 일할 수 있도록 하자는 의견이 많이 거론되고 있다.

주 전체의 인구가 오아후에 밀집되어 있는 만큼 중환자를 다룰 수 있는 의료진과 시설이 오아후에 몰려 있다는 것도 문제이다. 심장 질환과 같이 응급 처치를 요하는 환자가 오아후가 아닌 다른 섬에 거주한다면 갑자기 탈이 날 경우 위험에 처할 수 있다. 정확한 통계는 없지만, 오아후 이외의 섬에는 심장 전문의의 수가 한두 명인 경우가 많다. 다른 질환에서도 중한 수술이 필요하면 호놀룰루로 이송해 치료해야 하는 경우가 잦다. 설상가상으로, 주정부가 관할하는 병원들의 경우 자금난으로 병원 직원들을 해고하는 사례가 이어지고 있어 의료 서비스의 개선이 더더욱 힘들어지고 있는 실정이다.

하와이의 공교육

미국 전역에서 치러지는 학업능력평가(SAT) 점수를 보면, 하와이 주는 전체 50개 주 가운데 43위를 기록하고 있어 전국 평균에 많이 뒤처진다. 공립 학교, 사립 학교, 종교 재단, 홈스쿨링 등 교육 기관의 다양성에 있어서는 전국 최하위로 나타나는 등 하와이 학교 교육은 아직 많은 노력이 요구되고 있다. 교육 예산, 교사당 학생 수, 교사 연봉 수준 등 여러 가지 요인이 있지만, 전문가들은 전반적인 교사의 질적 수준, 학부모들의 교육에 대한 관심, 가정의 소득 수준 등 하와이 고유의 사회 · 문화 · 경제적 환경이 학교 교육 성과에 큰 영향을 미치는 것으로 보고 있다.

실제로 하와이 생활을 하다 보면 의외로 학부모들의 나이가 현저히 적고, 가정마다 자녀의 수가 생각 외로 많음을 보게 된다. 두 자녀를 둔 경우는 아주 적은 편에 속하고, 3명 이상의 아이를 둔 가정이 많다. 자녀가 많다 보니 한 사람 한 사람 교육에 대한 뒷바라지나 열정을 쏟기 힘들다. 더욱이 부모

초등학교 교실 내부. 부모님과 선생님 간의 면담날을 맞아 필자의 아들이 다니는 초등학교 교실을 찾았다.

가 모두 일자리를 가진 경우 더더욱 자식 교육에 대한 정성을 들이기 힘들다. 학생들은 대부분 하와이에서 나고 자란 아이들로 구성되어 있고, 교사들도 대부분 일본계 하와이 출신들이 주를 이루고 있어서, 미 본토의 전형적인 교실 분위기와는 사뭇 다른 환경을 가지고 있다. 외부로부터 멀리 떨어져 있는 환경적 특성상 하와이에는 소위 말하는 세계적 수준의 명문 대학교가 없다. 최상의 경력을 쌓기 원한다면 미 본토 등 외부로 나가 공부해야 한다.

그렇더라도 하와이의 교육 환경이 모두 뒤처진다는 이야기는 아니다. 상대적으로 공립 학교의 학생 성적이 전국 평균에 못 미치기는 해도, 학교에 따라 사립 학교의 성적은 전국 상위 수준을 자랑하기도 한다. 특히 하와이 혈통을 갖고 있는 학생들에 한해 운영되는 사립 학교 '카메하메하 스쿨'은 우수한 교사진과 명석한 학생들로 구성되어 미국에서도 유명한 우수 학교로 꼽히고 있다. 2009년 하와이 출신의 일리노이 초선 의원 오바마가 제44대 미국 대통령으로 당선되면서 그가 하와이 시절 다녔던 학교에 관심이 모아진 바 있다. 바로 호놀룰루에 소재한 푸나호우 스쿨(Punahou School)로, 하와이에서 유명한 사립 학교이다. 고등학교 재학 시절 오바마는 이 학교 농구 선수로 활약한 바 있으며, 대통령 선거 직후 모교를 방문하여 열렬한 환영을 받았다. 공교롭게도 한국계 프로 골퍼 위성미도 이 학교 출신으로 오바마 대통령과 동문이 된다.

참고로 하와이의 모든 국공립 대학들은 하나의 시스템 안에서 운영된다. 주요 주립 대학으로는 호놀룰루에 소재한 하와이 대학교 마노아 캠퍼스와 힐로에 위치한 하와이 대학교 힐로 캠퍼스가 있다. 마노아 캠퍼스는 학부와 대학원 프로그램이 잘 갖춰진 하와이 최대의 주립 대학이며 2만 명이 넘는

위는 오아후 섬 호놀룰루에 소재한 하와이 주립 대학교 마노아 캠퍼스의 전경이다. 바다 쪽으로 다이 아몬드헤드가 보인다. 아래는 하와이 섬 힐로 만을 배경으로 담은 하와이 주립 대학교 힐로 캠퍼스의 전경이다.

학생이 재학 중이다. 힐로 캠퍼스는 학부 교육을 중심으로 하는 4,000명 미만의 소규모 종합 대학이다. 이 외에도 각 섬에는 커뮤니티 칼리지, 즉 전문대학 수준의 학교들이 한 개 이상 있다. 주요 사립 대학으로는 호놀룰루 시내에 위치한 하와이퍼시픽 대학교(Hawaii Pacific University)가 있다. 전세계 100여 개 국가의 학생들이 재학 중이며 학생 수는 9,000명가량이다.

인종의 용광로

미국은 다양한 인종이 모여 살기 때문에 예전부터 인종의 용광로라 불려왔다. 그런데 불행하게도 인종 문제는 용광로에 들어가는 쇳덩어리처럼 간단히 녹아내리는 문제가 아니다. 많은 사회 · 경제 · 정치적 문제가 사실은 인종 문제로부터 불거져 나오며, 미국 사회가 풀어야 할 많은 숙제들의 기저에 인종 문제가 놓여 있다 해도 과언이 아니다. 흑백에 따른 직업의 차이가 눈에 선하게 나타나고 있고, 이것이 현격한 소득 차이를 부르며, 교육의 혜택을 가르는 직접적인 척도가 된다. 인종 간 격차를 없애기 위해 만든 고용법, 학교법 들이 매번 학생을 받아들이고 교원을 채용할 때마다 강조되는 것은 거꾸로 이 나라에 그만큼 인종 문제가 민감한 이슈임을 반증하는 것이라고 볼 수 있다.

하와이를 방문하거나 이사하여 살다 보면 이곳 역시 인종의 다양성, 문화의 다양성이 강조됨을 느낄 수 있다. 지리적인 조건으로 본토의 인종 구성과는 확연히 다르지만, 하와이도 둘째가라면 서러워할 만큼 인종의 다양성이 확보되어 있다. 앞서도 얘기했지만, 하와이에는 백인의 비율(2007년 현재, 29.1%)이 현저히 적어 오히려 소수 집단으로 분류되는 점이 미 본토와 가장 큰 차이점이다. 시내를 둘러보거나 공항에 내려 주위를 둘러보면 한국인처럼 생긴 사람들이 많다는 것을 바로 알게 된다. 동남아 계통이나 일본계 인구가 다수를 점하는 하와이의 특수성 때문이다. 주 전체로 볼 때, 아시아계 인구가 반수를 훨씬 넘고 있으며, 특히 인구 밀집 지역인 호놀룰루 지역에는 그 비율이 60%에 육박하고 있다. 반면에 하와이 인을 비롯한 폴리네시아계 인구는 꾸준히 감소하고 있다. 순수 하와이 인은 섬마다 약 10%로 조사되고 있는데, 호놀룰루는 그보다 훨씬 낮은 8.4%에 그치고 있어, 앞으로 하와이에서 하와이 인들을 찾아보기 힘든 날이 도래할지도 모르겠다.

과거 자급자족하던 하와이 생활은 오늘날 먹을거리의 95%를 외부에서 실어 와야 하는 실정으로 변모하였다. 하와이에서 생산되는 물건이 아닌 이상 모든 것이 비쌀 수밖에 없는 상황에서 경제력이 뒷받침되지 않으면 생활이 윤택해질 수 없다. 발달된 기술과 자본력을 동원한 육지 사람들과의 경쟁에서 섬사람들은 경제적으로 쉽게 뒤처진다. 이것은 섬사람들이 열등해서가 아니라 삶의 방식이 전혀 다르기 때문이다. 육지에서와 같은 경쟁이 필요 없었기에 그들과 경쟁할 만한 도구가 없었던 것이다. 미국 본토와 일본으로부터의 자본 유입에 따라, 잘 알려진 대로 현재 하와이의 많은 토지 및 건물이 외부인의 소유로 되어 있다. 따라서 오랫동안 하와이에 정착해 왔던 하와이 인의 입장에서는 빠르게 유입되는 육지 손님들이 달갑지 않을 수 있다. 지금도 많은 토착 하와이 인들은 백인을 비롯한 외부인들이 무분별한 개발을 통해 자신들의 아름다운 자연을 망가뜨리고 부를 축적해 상대적으로 자금력이 부족한 토착민들을 삶의 중심에서 밀어내고 있다고 생각한다. 간혹 신문 지상에도 백인 학생에 대한 하와이 인 학생의 폭력이 기사로 오르내리고 있는 만큼, 일본의 '이지메'나 우리식의 '왕따' 등과 비교할 수 있는 섬 특유의 배타적·차별적 인식이 저변에 깔려 있다는 사실을 인정하지 않을 수 없다.

취약한 사회 기반 시설

하와이는 화산 활동으로 만들어진 거친 암석층에 기반하고 있기 때문에 사회 기반 시설을 확충하는 데에 어려움이 있다. 대부분의 인구가 밀집되어 있는 해안가를 제외하면 도로 시설이 미미하며, 많은 도로들이 비포장길이

거친 비포장 길이 많은 하와이에서 쉽게 볼 수 있는 차체가 높은 트럭.

기 때문에 일반 승용차가 다니기에 불편한 경우가 많다. 따라서 하와이에는 유독 사륜 구동형의 차, 또는 차체가 높은 트럭류의 판매량이 높다.

　또한 해안에 빈번한 폭풍이나 허리케인, 쓰나미, 지진 등 자연재해의 발생 률이 그 어느 곳보다도 높지만 이를 위한 대피 시설이나 경보 시스템 및 비 상 전화망이 충분하지 않다. 조금만 외진 곳으로 가면 휴대 전화 통화가 어 려워지는 등, 비상시 필요한 통신 수단이 제한된 만큼 안전시설의 확충은 시 급히 해결되어야 할 숙제이다. 하와이를 여행하다 보면 여기저기에 큰 나팔 모양의 사이렌이 설치되어 있다. 바로 쓰나미 경보 시설이다. 최근 조사에 의하면 상당수의 사이렌이 오작동하거나 고장난 상태로 있으며, 전체적인

하와이 섬들에는 해안 주변으로 쓰나미 사이렌이 설치되어 있다.

사이렌 숫자도 많이 부족한 실정이다. 이들 경보 시설은 주로 해안가에 집중되어 있기 때문에 해안에서 벗어나 살고 있는 주민의 경우 사이렌을 들을 수 없다는 난점이 있다. 비가 잦은 곳에서는 정전 사태도 심심찮게 일어나기 때문에 악천후로 전기 공급이 불안정해지면 이들 외진 지역은 재해가 발생할 경우 적절한 대처와 구호로부터 고립될 소지가 크다.

하와이는 미국 본토와 달리 주차 구역이 애매한 경우가 많다. 길 언저리 풀밭에 주차하는 경우가 비일비재하며, 마땅히 주차장으로 쓸 공간도 잘 보이지 않는다. 특히 여행 중 운전을 하다가 주변 경치를 배경으로 사진이라도 한 장 찍을 양이면 어디에 주차를 해야 할지 망설여지는 경우가 있다. 그럴 때는 대개 남이 하는 대로 도로변 풀밭에 잠시 주차를 하게 되는데, 특별히 주차 금지 표지가 있지 않는 한 문제가 될 소지는 없다. 한 가지 유의할 점이라면 화산 활동으로 만들어진 거친 암석 덩어리가 여기저기 흩어져 있을 수 있기 때문에 바닥이 낮은 일반 승용차의 경우 차체 밑이 돌에 긁혀 상할 수 있다는 것이다. 포장이 되어 있지 않은 거친 도로에서는 날카로운 돌 모서리로 인해 타이어가 손상될 수도 있다. 일반 승용차로 통행이 어려운 곳은 사륜 구동차 이용을 권하는 표지판이 붙어 있으므로 무리하게 진입하지 않으면 된다.

의아하게 생각할지 모르지만, 하와이에는 수도 시설 없이 사는 가정이 많다. 그럼 물은 어떻게 사용하는지 궁금할 것이다. 시내가 아닌 다소 외진 곳으로 수도 시설이 없는 곳에서는 빗물을 받아 쓴다. 물론 위생적인 물탱크 시설과 필터링을 거쳐 사용하기 때문에 문제는 없다. 여러 집이 공동으로 쓰는 경우에는 엄청나게 큰 물탱크 시설을 하여 여러 사람이 장기간 사용해도

대형 물탱크 시설. 수도 시설이 없거나 예비적으로 물을 저장해 둘 필요가 있는 경우 사용한다. 비가 충분한 외진 지역에서는 빗물을 받아 식수 등 생활용수로 쓰는 가정이 많다.

무리가 없도록 한다. 이런 시설을 '캐치먼트 시스템(catchment system)'이라 한다. 경우에 따라서는 외부로부터의 이물질이나 병균을 옮기는 야생 동물이 문제가 되기도 한다. 흔히 보는 광경 중 하나가 트럭에 큰 식수통을 여러 개 싣고 와서 공원이나 학교같이 쉽게 수돗물을 쓸 수 있는 곳에서 물을 받아 가는 사람들이다. 아마 자기 집 물탱크 시설에 문제가 생겼거나 경제적으로 그런 시설을 하기 힘든 사람들이 아닌가 싶다. 특히 비가 적은 지역에 가뭄이 오게 되면 사정은 더 나빠진다. 그러면 유조차처럼 생긴 물탱크 차가 돌아다니며 물을 공급하는데, 농작물을 재배하는 사람들은 많은 양의 물이 한꺼번에 필요하기 때문에 애타는 심정으로 발을 동동 구르게 된다.

하와이 홈리스

　날씨가 따뜻한 하와이는 집 없이 떠도는 사람들에게는 더없이 좋은 환경일지 모른다. 그래서 어떤 이들은 하와이를 '홈리스(homeless)의 천국'이라는 다소 불명예스러운 이름으로 부르기도 한다. 2007년 한 통계 조사에 따르면, 하와이 홈리스 수는 4천 명을 훌쩍 넘고 있다. 하와이 거주 1년 미만인 홈리스의 숫자는 전체 홈리스의 20% 정도로, 이들 대다수는 미국 본토에서 유입되고 있다. 전에는 보지 못했던 홈리스들을 하와이에 이사 온 후로 자주 보게 되었다. 홈리스 보호를 위해 주정부가 쓰는 돈도 막대하여, 사회경제적으로 골머리를 앓고 있는 중이다. 설상가상으로 최근 세계적인 경제 불황으

'무료로 샤워하세요'라 적힌 현수막. 처음 이걸 보고는 무슨 소린지 했다. 말 그대로, "샤워 시설이 없는 분들 여기 와서 무료로 샤워하고 가세요"란 뜻이다. 주로 교회 시설 등 사회 봉사를 하는 단체에서 노숙자들을 위해 배려하는 주기적인 활동이다.

로 홈리스는 날로 증가 추세이다. 고육지책으로 하와이 정부는 본토에서 온 홈리스들을 다시 본토로 되돌려 보내기 위한 특별 자금을 마련 중이라고 한다. 내용인 즉, 매년 이들 홈리스 보호를 위해 주정부가 지출하는 막대한 비용을 줄이는 방편으로 비행기 편도 비용을 들여 이들을 본토로 돌려보내자는 것이다.

한편 많은 하와이의 홈리스는 미크로네시아 또는 마샬 군도에서 온 이들이다. 작은 섬에 불과한 자신들의 고향을 떠나온 이들은 하와이에서 자식 교육을 시켜 장차 자신의 아들 딸들이 보다 나은 직장을 찾아 살아갈 수 있도록 부모의 역할을 다하고자 하는 열망이 있을 것이다. 휘황찬란한 와이키키를 벗어나 한 꺼풀 벗은 하와이의 사회상을 관심 있게 들여다보면, 어쩌면 거리의 걸인처럼 보이는 이들이, 또 어찌 보면 여행객 같은 이들이 하루하루를 노숙자 신분으로 연명해 가는 현실을 어렵지 않게 목격할 수 있다.

미국의 홈리스라고 하면 대개 지저분한 차림의 흑인 또는 이민자 그룹을 떠올리게 되는데, 최근에는 우리 한인 중에서도 홈리스가 증가하고 있다는 놀랍고도 불행한 소식이 있다. 게다가 특징적으로 한인 홈리스의 경우 남성보다 여성의 숫자가 압도적으로 많다고 하니, 속사정이 궁금하지 않을 수 없다. 주로 국제결혼을 통해 하와이로 이주해 온 이후 가족 간의 불화나 문화적 이질감, 언어 소통의 문제 등으로 이민 여성이 가정 문제를 갖게 될 소지가 많다고 한다. 전문가들에 의하면, 이러한 문제를 해결하지 못하고 방치할 경우, 육체적, 정신적 문제로 발전하여 홈리스로 이어지게 된다고 한다.

외부에서 들어온 홈리스는 아니지만, 경제적 이유로 집 없이 사는 불법 거주자들도 수천 명에 이른다. 캠핑용 텐트를 공원에 설치하고 거주지로 삼는 사람들이 있어, 이들을 단속한다는 신문기사도 종종 눈에 띈다. 하지만 단속을 한다고 해도 이들 텐트족들은 다른 공원이나 해안가로 거처를 옮기기 때문에 일시적인 단속은 문제 해결에 도움이 되지 못한다. 집을 합법적으로 지어 살고 싶어도 건축업자를 고용할 여력이 없거니와, 스스로 집을 짓는다고 해도 많은 시간이 걸리기 때문에 문제 해결이 참 더디다. 이러한 극빈자층의 주택 문제를 해결하는 한 방안으로 얼마 전에는 한 지역 정치인이 천막 혹은 텐트 형태의 시설에서 최장 3년간 합법적으로 거주할 수 있게 하고, 그 동안 집 지을 시간을 벌어 주자는 법안을 내놓기도 했다. 어려운 사람들의 처지를 이해하고 그들을 돕자는 취지에서 나온 생각이지만, 현실적으로 천막을 장기 주택 시설로 인정하기에는 사회적으로 문제가 있어서 법안에 힘을 싣기에는 역부족으로 보인다. 아무튼 낙원으로 알려진 하와이에도 이와 같이 그늘진 곳에 있는 사람들이 적지 않다.

하와이도 님비(NIMBY)

열대 우림을 토대로 한 높은 생물 다양성과 섬 특유의 자연림으로 상징되는 하와이의 위상은 아직 세계적으로 유지되고 있지만, 하와이는 고립된 섬 환경이기 때문에 스스로를 정화하지 않으면 깨끗한 자연을 유지할 수 없다. 그러나 안타깝게도 하와이에서 쏟아져 나오는 일인당 쓰레기의 양은 전국 평균의 2배가 넘고 있다. 인구가 밀집되어 있는 호놀룰루의 경우, 연간 쓰레기 배출량은 180만 톤이며 이중 절반 가량을 매립하고 있다. 하와이에 왜 쓰

오아후 섬의 한 쓰레기 매립장. 머지않아 매립지들이 수용 한계에 이르면 하와이의 쓰레기를 미국 본토로 실어 날라야 할 것 같다.

레기가 넘쳐날까? 수백만 명에 이르는 여행객을 매년 유치하는 하와이의 특수성이 그 한 가지 이유일 것이다. 다른 이유를 들자면, 거의 모든 물자를 외부로부터 들여와야 하는 지리적인 조건이라 하겠다. 상품이나 원자재를 들여오면서 생기는 각종 포장 재료가 결국에는 모두 쓰레기로 둔갑하기 때문이다. 이로 인해 사탕수수와 파인애플에 이어 앞으로 미국 본토로 실어 나를 주요 품목이 생길 것 같다. 바로 쓰레기이다. 점차 매립할 공간이 줄어듦에 따라 10여 년 후에는 미국 본토로 쓰레기를 실어 날라야 할 것이 분명하다.

최근 인구 증가에 따른 쓰레기 처리 문제가 불거지자 쓰레기 소각 시설 건설 예정지를 놓고 찬반 논란이 뜨겁다. 혐오 시설을 반길 주민은 아무도 없는데 쓰레기 처리는 반드시 이루어져야 하므로 이 어려운 문제를 두고 정치와 행정을 맡은 하와이 지도자들의 고민이 커져만 가는 형국이다. 한 가지 실천적 방안으로 물건을 파는 하와이의 모든 상점에서 비닐봉지 사용을 금지하는 법률이 시행될 예정에 있다.

최근 알게 된 이야기인데, 소를 상당수 사육하는 하와이에는 도축장이 없다는 사실이다. 하와이 쇠고기 공급량의 상당량이 하와이 목장에서 나오는데 도축장이 없다니 의아한 일이 아닐 수 없다. 환경 보전의 이유로 도축업이 허용되지 않는다는 것이 그 이유다. 그렇다면 도대체 하와이에서 키운 소를 어디로 가져가서 처리를 한다는 말인가? 예상했겠지만 도축을 위한 하와이 소들은 가장 가까운 곳, 캘리포니아로 건너간다. 도축이 되기 전 캘리포니아로 옮겨져 살을 불린 다음, 식탁에 오를 '고기'가 되어 다시 하와이로 돌아오는 하와이 소들의 인생도 참 고단하지 싶다.

갈수록 높아져 가는 유가와 천연자원의 고갈, 악화 일로에 있는 지구 환경과 맞물려 최근 나라마다 지속 가능하고 재생 가능한 에너지 개발을 위해 많은 노력을 기울이고 있다. 하와이의 경우 거의 모든 에너지를 밖에서 들여오고 있기 때문에 그 어느 곳보다도 자생적 에너지의 공급이 절실하다고 할 수 있다. 풍력에 의한 전력 생산은 오래전부터 해 오고 있는 하와이의 대체 에너지 생산의 예이다. 마우이나 하와이 섬의 경우에도 해안가 바람이 많은 곳에서 대형 터빈을 돌려 적지 않은 전기를 만들어 내고 있다. 위도로 볼 때 하와이 섬들은 북위 19도에서 22도에 걸쳐 있기 때문에 연중 태양의 고도가 높은 편이다. 이로 인해 대낮에 내리쬐는 태양빛이 직각에 가까워 태양광의 집적 효율이 높다. 호놀룰루 공항에 내려 시내로 들어가는 도중 주위를 살펴보면 지붕 위로 태양광 충전 시설을 해 놓은 집들을 많이 볼 수 있다. 태양

하와이 섬 남단의 사우스포인트(South Point)에 건설된 풍력 발전 터빈.

복사 강도가 높은 하와이에서의 태양 에너지 이용은 어쩌면 당연한 일이지만, 유리로 된 시설이 악천후로 깨지기 쉽고 비가 잦은 해안의 특성상 현실적인 어려움이 있다. 최근 이러한 문제를 극복하기 위한 열 저장 형식의 새로운 기술이 시험 중에 있다. 하와이의 기후 특성을 반영하여 만들어지는 새 기술은 일조량이 많은 곳이면 어디서든 적용이 가능하다.

 이러한 대체 에너지 기술 개발은 일차적으로 이용 가능성을 높이고 치솟는 유가에 대응하기 위한 노력의 일환이지만, 궁극적으로는 깨끗한 환경을 후대에게 물려주어야 하는 현세 사람들의 의무이기도 하다. 최근 유가의 폭등으로 미국 전역에서 가솔린(휘발유)과 전기를 혼용하는 이른바 하이브리드 자동차의 수요가 폭증하고 있다. 미국에서도 휘발유 가격이 최고 수준인 하와이 역시 기름 값에 민감할 수밖에 없다. 하와이 살림을 책임지고 있는 주지사도 전기 전용차, 하이브리드 자동차, 수소 전지차, 바이오디젤 차 등 차세대 고효율 저공해 저소음 운송 수단에 지대한 관심을 가지고 있다. 하와이에서 나는 원료나 자재 이외에는 모든 것을 말 그대로 '해외'에서 들여와야 하는 다급한 처지에 놓인 하와이의 동작도 점차 재빨라질 전망이다.

지키고 싶은 낙원

　하와이는 천혜의 자연 경관을 밑천으로 운영되는 주라고 볼 수 있다. 대부분의 돈벌이가 여행업에서 나오기 때문이다. 하와이를 방문하는 많은 사람들이 하와이의 자연 경관에 감탄하고 이를 그리워해 다시 찾게 되지만, 하와이의 자연환경은 그 아름다움이 세상에 알려지면서부터 빠른 속도로 원래의 모습을 잃어 가고 있다. 멀게는 폴리네시아 인의 초기 정착과 함께, 그 이후로는 서구인의 유입, 근대에 들어와서는 수많은 이주 정착민의 유입과 하와이의 휴양지화에 따라 하와이 원형의 자연은 외부 동식물의 침입에 노출되어 왔다.

　한 세기 전에 활발했던 대규모 플랜테이션을 통해 많은 삼림 면적이 경작지로 바뀌었고, 외부인의 출입이 급속도로 증가하면서 들어온 외래종 동식물에 의해 토착종 생물들이 설 땅을 잃어버렸으며, 관광 수요와 급증하는 인구를 감당하기 위해 산을 깎고 개발에 몰두함으로써 천연자원이라는 귀한 밑천을 이미 많이 까먹어 버렸다. 하와이의 원시림을 잃는다는 사실은 관광객 유치를 위한 자연 자원을 상실한다는 그 이상의 의미를 지닌다는 사실을 깨달아야 한다.

2009년에 150년의 역사를 맞게 되는 찰스 다윈의 생물 진화론을 통해 잘 알려져 있듯이(참고로 2009년은 찰스 다윈 출생 200주년, 그의 대표 저서 『종의 기원』 출간 150주년이 되는 뜻 깊은 해이다), 생물종들은 생존과 번식을 위해 스스로를 변화시키고 경쟁에서 살아남기 위해 고유의 생물학적 방어 기제를 발달시킨다. 안타깝게도 하와이 섬에 분포하는 동식물 종들은 육상에서 자라는 종들과 달리 경쟁 상대가 없었기 때문에 외래종이 침범했을 때 사용할 수 있는 방어 기술이 결여되어 있다. 따라서 생존 경쟁에서도 취약하여 일단 외래종이 확산되기 시작하면 서식지를 쉽게 빼앗기게 된다.

섬에 서식하는 동물들은 오랜 세월 육지로부터 고립되어 살아왔기 때문에 먹이를 쟁탈할 경쟁자를 물리칠 특별한 무기나 기관을 가질 필요가 없었다. 따라서 외래종의 공격에 무기력하게 당할 수밖에 없다. 식물의 경우에는 대다수의 토착종이 용암면과 같은 척박한 환경을 무대로 자라기 때문에 성장 속도가 무척 더디다. 반면에 외부로부터 유입된 외래종들은 다양한 환경에 광범위하게 적응할 뿐만 아니라 빠른 속도로 성장하기 때문에 쉽게 토착종을 밀어내고 서식처를 장악하게 된다. 따라서 원시림의 파괴와 외래종의 확산은 갑작스런 환경 변화에 대한 대처 능력이 현저히 떨어지는 하와이 종의 유지와 발달에 크나큰 위협이 아닐 수 없다.

최근 심각한 이슈로 떠오른 지구 온난화 등 기후 변화와 맞물려 하와이 주 정부는 현재 수준의 동식물 자원이라도 유지하기 위해 매년 수백만 달러의

바다를 향해 넓게 흘러내린 척박한 용암면을 서식지로 하여 자라는 하와이 토종 나무 오히아. 검은 화산암 사이에서 오히아 나무들이 더디게 자라고 있다.

하와이 바다거북은 주법과 연방법으로 철저하게 보호되고 있다. 함부로 거북을 두드리거나 만지면 안 된다.

예산을 투자하여 관리하고 있다.

하와이에 광범위하게 퍼져 토착 생태계에 피해를 주고 있는 대표적 외래종 동물로는 야생 돼지, 염소, 몽구스 등이 있다. 이들이 하와이에 오게 된 과정은 사실 먼 역사를 거슬러 올라간다. 1,500여 년 전에 폴리네시아 인들이 하와이에 들어올 때에는 사람만 온 것이 아니었다. 작은 돼지들도 같은 배를 타고 왔다. 그러니까 하와이 돼지의 역사는 고대 폴리네시아 인의 역사와 궤를 같이 한다고 하겠다. 그리고 더 큰 규모와 더 빠른 속도의 외래종 수입은 서양인이 하와이에 발을 들여놓음으로써 시작되었다. 목축용 소와 돼지, 새, 양, 염소, 쥐, 고양이 등이 하와이로 향하는 서양인의 항해에 동행하였다. 지금 야생에 퍼져 있는 하와이의 돼지는 이들 서양으로부터의 종자와 폴리네시아 인이 들여온 종자가 뒤섞인 하이브리드 종이라고 볼 수 있다.

이 가운데 특히 생태계에 많은 피해를 주는 것은 돼지와 염소이다. 이리저리 돌아다니며 토착 식물들을 짓밟고, 땅을 밭 갈 듯 뒤엎어 놓아 토착 식물들이 뿌리를 내리는 데에 막대한 지장을 준다. 또한 염소들은 예쁜 하와이 새들의 주된 먹이가 되는 알록달록한 토착 나무 열매를 먹어 치움으로써 새의 개체수를 현저하게 줄여 놓았다. 피해는 여기서 그치지 않았다. 야생 돼지들은 특성상 나무나 땅바닥을 움푹움푹 파고 다니는데, 그런 곳에 물이 고이고 모기가 들끓어 조류 말라리아와 같은 질병을 자연에 퍼뜨렸다. 이들의 공격으로부터 자연림을 보호하기 위해 주정부는 보호림 주변으로 철조망을 쳐서 이들을 몰아내고 있다. 얼마 전 수업을 들은 한 대학원생은 시간이 남으면 야생 돼지를 사냥하러 다녔다. 하루 서너 시간 야외에 나가 돼지 한 마리 잡는 것이 쉬운 일은 아닐 듯했다. 그러나 한 마리당 얼마간의 수고비도

토종 식물 마마네와 토종 새 팔릴라(palila). 마마네는 하와이 토종으로 건조 지대에 서식한다. 노란 꽃을 피우며 나무의 씨는 토종 새들의 먹이가 된다. 팔릴라는 마우나케아 정상부 등 건조한 고산 지대에 자라는 식물의 씨와 애벌레를 주로 먹이로 하는 하와이 토착종이다. 야생 돼지와 같은 외래종 동물이 건조 지대의 나무들을 쓰러뜨림으로 인해 그 수가 빠르게 감소하고 있다.

받을 수 있고, 잡은 돼지는 도축을 하여 냉장고에 재어 놓고 먹는다며 언제 돼지 바비큐 한번 하자고 했던 일이 기억난다.

몽구스는 19세기 후반에 특별한 목적으로 하와이로 들여온 경우이다. 사탕수수밭을 망쳐 놓는 쥐를 소탕하기 위함이었다. 그런데 어이없게도 쥐는 밤에 활동을 하는 야행성 동물이고, 몽구스는 주간에 활동을 하는 동물이었다. 원래의 목적을 달성하지도 못한 채 엉뚱한 데서 문제가 생겼다. 땅에 둥지를 트는 네네와 같은 거위류와 알들을 해침으로써 한때 멸종 위기까지 맞게 하는 심각한 역효과를 보게 되었다. 유감스럽게도 돼지, 염소, 몽구스는 하와이 섬에서 카우아이에 이르기까지 주요 섬에 광범위하게 퍼져 있다.

야생 돼지는 멀게는 폴리네시아 인의 정착, 그리고 서양인의 유입으로 하와이 전역에 광범위하게 퍼
져 있다. 이들로부터 자연림을 보호하기 위해 보호 철조망을 설치하고 있다. 야외 답사 도중 만난 돼
지 가족이 인기척에 놀라 달아나고 있다(위). 공원에 설치된 식수 공급대 아래에서 흘러내린 물로 목
을 축이다가 인기척에 놀라 몸을 숨기려 하고 있는 몽구스(아래).

매년 수백만 명의 관광객이 드나드는 하와이의 특성상, 정부 당국은 악화 일로에 놓인 환경 자원을 보전하기 위해 특별한 노력을 기울이고 있다. 미국의 여느 주와는 달리 하와이 주는 외부에서 하와이를 방문할 경우 두 종류의 설문지를 비행기 안에서 작성하여 제출토록 하고 있다. 하나는 여행 목적을 묻는 내용으로 하와이 방문객에 대한 통계 자료 정도로 이용되며, 꼭 작성하지 않아도 된다. 다른 하나는 의무적으로 작성해야 하는데, 하와이로 가져가는 물건 중에 토양, 식물, 동물, 광물, 육류 등 농림부에 보고해야 할 것이 있는가를 묻는 것이다. 하와이에 반입되었을 경우 해가 되거나 부정적인 영향을 끼칠 수 있다고 판단되는 것들을 통제하기 위함이다.

하지만 사람과 물건이 들고나는 이상 외부 생물이 완벽히 차단될 수는 없는 일이다. 작은 벌레나 씨앗 등이 신발 바닥 또는 몸과 옷에 묻어 올 수도 있고, 물론 몰래 들여오는 것도 있을 것이다. 코키 개구리(coqui frog)라고 불리는 외래종 개구리도 우연찮게 하와이에 들어왔는데, 최근 환경적 관심을 넘어 사회적 이슈로까지 부상하였다. 쿠바나 푸에르토리코 등 카리브 해 지방이 원산지로, 밤이면 '코키코키' 하고 시끄럽게 울어 댄다. 이들 개구리는 그 개체수와 분포 지역이 늘어나면서 주민의 밤잠을 방해할 정도가 되었다. 얼마 전에 이 개구리의 악명 높은 울음 특성을 모르고 집과 부지를 매입한 사람이 뒤늦게 문제의 심각성을 알고 배상 문제를 법정에 제기했다는 소식이 있었다. 정부 차원에서는 주기적으로 환경에 무해한 강산성 물질을 서식지에 뿌려 개구리 소탕에 나서고 있지만 큰 효과를 보지 못하고 있다.

환영받지 못하는 식물 중에는 파운틴그라스(fountain grass)라는 것이 있다. 아프리카가 원래 서식처였던 이 초본은 하와이 중에서도 주로 건조한 지

하와이 섬의 동편은 비가 많지만 서쪽은 아주 건조해서 자연적인 산불이 잘 일어나는 편이다. 산불 위험을 경고하는 표지판.

하와이 건조 지역을 거의 점령하다시피 한 파운틴그라스. 아프리카가 고향으로 순식간에 산불을 광범위하게 확산시킬 수 있는 위험이 있다.

건조 지역의 산불이 빈번하게 발생하고 있다. 산불을 쉽게 퍼뜨리는 외래종 초본의 확산이 전반적인 기온 상승과 맞물려 산불 발생 가능성을 점차 증가시키고 있다.

역을 거의 점령하다시피 했다. 건조한 환경에 매우 잘 적응한 종으로 날씨가 메말라 일어나는 산불을 순식간에 넓은 지역으로 퍼뜨릴 수 있다는 데에 큰 환경적 위험이 있다. 삼림 벌채와 개발로 하와이 원래의 삼림 지역이 급감하고 있는 상황에서 자연적인 산불 발생 가능성의 증가는 최근 기온 상승에 따라 매우 심각하고 현실적인 위협이 되고 있어서 주정부 차원에서도 예의 주시하고 있다.

천혜의 환경을 가장 중요한 재산으로 신성시하는 하와이 사람들에게 자연을 해칠 외래종의 유입이나 자연 파괴를 동반하는 대규모 개발은 환영받지 못한다. 국내에서 쉽게 볼 수 있는 대규모 택지 조성이나 상업 시설 등의 개발 사업은 어쩌면 하와이에서는 거의 불가능한 일에 가깝다. 하나의 예를 들어 본다. 2007년 가을, 하와이의 자연 보전과 관련하여 신문 지상에 가장 자주 그리고 크게 오르내린 내용은 '슈퍼페리(Superferry)'로 불리는 대형 여객선의 운행 문제였다. 수년 전부터 하와이 섬들을 연결해 줄 대안으로 여객선의 도입 문제가 논의되다가 최근 여객선이 건조되어 하와이에 들어온 데에 이어 2007년부터 오아후–마우이, 오아후–카우아이 간 노선이 취항하기에 이르렀다. 그런데 수백억 달러가 투입된 이 사업이 얼마 가지 않아 지역 주민과 환경론자들의 반대에 부딪혀 중단되고 말았다. 사업을 반대하는 측

대형 여객선(슈퍼페리)이 해질 무렵 힐로 만을 돌아나가고 있다.

에선 대규모 여객선의 운행으로 생길 환경적 피해를 우려하였다. 이들은 유례없이 큰 규모로 늘어날 관광객 유입으로 인해 조용한 환경이 교통 문제 등으로 번잡해지는 것, 늘어날 유동 인구를 통해 심화될 외래종의 확산, 여객선 운행으로 인해 하와이 연안을 헤엄치는 고래 등의 해양 생태계에 대한 위협 등을 주요 문제로 제기하였고, 결국 이 문제는 법정으로 가게 되었다. 최근 법정 판결은 환경 영향 평가를 통해 최종 결정을 하기로 하고 일단 제기된 문제를 최소화한다는 조건하에 여객선 운항을 잠정적으로 허가하였다. 하지만 설상가상으로 경영난에 부딪친 하와이 슈퍼페리는 2009년 5월 결국 파산 신청을 하기에 이르렀다.

최신형 슈퍼페리가 도입되면 당연히 관광객의 수가 늘어날 것이고, 이를 통한 지역 경제의 기반이 튼튼해질 것이며, 관광객뿐만 아니라 공산품과 농산물들이 대규모로 쉽게 하와이 섬들을 들고나게 되어 그만큼 일자리도 크게 늘어나는 등 긍정적인 결과들이 눈에 선히 보이지만, 많은 지역 주민들은 그걸 원치 않는다. 이 한 가지만 보더라도 그들의 근본적인 삶의 방식이랄까 철학이랄까 그런 것이 개발과는 거리가 멀다는 것을 알 수 있다. 더 많은 개발, 더 편한 생활이 반드시 삶의 질을 높여 주지 않는다는 그들의 생각으로 수만 채의 아파트 건설, 도로 건설, 터널 공사 등 토목 국가로 부를 만한 우리의 개발 방식을 본다면 무슨 말을 해 올지 갑자기 궁금해진다.

하와이 인들이 고귀하게 생각하는 하와이 토지와 관련해 한 가지 덧붙일 것은 토지의 소유권 문제이다. 하와이 왕국이 전복되면서 빼앗긴 120만 에이커(810km²)에 달하는 땅의 매매 권한을 놓고 하와이 주정부와 미 대법원, 그리고 하와이 원주민들은 십여 년에 걸친 오랜 법적 줄다리기를 해 오고 있

마우나케아에서 멀리 바라본 경치. 마우나케아 북쪽으로 코할라 마운틴이 보이고, 더 멀리 신성한 마우이의 할레아칼라가 손에 잡힐 듯 가까이 보인다. ⓒ *Jarrod Thaxton*

다. 이 토지를 '할양 토지(ceded lands)'라 부르는데, 하와이 면적의 4분의 1, 우리나라 제주도 면적(1845km²)의 절반에 육박하는 광대한 면적이다.

　1993년 클린턴 행정부 시절, 미 의회는 미국이 하와이를 점령한 것은 하와이 인들의 권리를 침해한 사건이라는 사과문을 발표한 바 있다. 그런데 최근 미 대법원은 의회 사과문은 법안이 아니라는 점을 상기시키며 하와이 주 정부가 이 토지에 대한 처분 권한이 있다고 판결하였다. 이 결정에 대해 하와이 원주민 사무국(Office of Hawaiian Affairs)은 할양 토지의 소유권이 여전히 하와이 인들에게 있으며, 이 토지의 사용은 하와이 주정부가 아닌 하와이 인들에 의해 결정되어야 한다고 맞서고 있다. 하와이 원주민 사무국은 하와이 인들의 권익과 환경 자원 보호를 위해 1979년에 결성된 자치단체로, 하와이 인들의 권리에 반하는 일이 있을 때마다 지역 사회에서 막강한 영향력을 행사하고 있다. 우리나라에서 때마다 불거지는 독도 문제를 생각해 보면 이들의 자기 영토에 대한 애착과 소유권 회복을 위한 힘겨운 노력의 역사를 이해할 것도 같다. 그들에게 땅이란 무엇일까? 경제적 가치로 환산할 수 없는 하와이 인의 정기가, 그들의 혼이 그 속에 분명히 숨쉬고 있을 것이다.

정도의 차이는 있지만 섬마다 현대식 개발이 진행되고 있는 것이 현실이고 그 주변으로 점차 인구가 늘어나는 사실을 감안할 때, 하와이의 자연은 변해 갈 것이 틀림없다. 하지만 자그마한 개발 사업에도 지역 여론이 민감하게 반응하고, 일방주의적 의사 결정에 저항하는 민심이 항상 하와이 주민들 사이에 오고가고 있음을 보아 왔다. 부디 하와이가 신의 고향으로 언제나 건재하고 세상 모든 이들이 동경하는 낙원으로 추앙받기를 기원한다. 알로하!

웹사이트 정보

go! 항공 www.iflygo.com

농산물 직거래장(Farmer's Market) www.hilofarmersmarket.com

마우나로아 관측소 www.mlo.noaa.gov/home.html

마우나케아 관측소 www.ifa.hawaii.edu/mko

마우나케아 관측소 실시간 비디오 mkwc.ifa.hawaii.edu/current/cams/index.cgi

마우이 수족관 www.mauioceancenter.com

모쿠렐레 항공 www.mokuleleairlines.com

미국 국립 공원 관리국 www.nps.gov

미국 인구 통계청 www.census.gov

비숍 박물관 www.bishopmuseum.org

빅아일랜드캔디스 과자 공장 www.bigislandcandies.com

스테이트 쿼터 프로그램 www.usmint.gov

아카추카오키드 가든 www.akatsukaorchid.com

오아후에어포트 셔틀 www.oahuairportshuttle.com

와이키키 셔틀 www.airportwaikikishuttle.com

와이키키 트롤리 www.waikikitrolley.com

이밀로아 천문학 센터 www.imiloahawaii.org

코나 잠수함 투어 www.atlantisadventures.com

코나 철인 3종 경기 ironman.com

태평양 쓰나미 박물관aa.gov/ptwc

파인애플 농장 pineapple-plantation.com

파커랜치 www.parkerranch.com

푸우호누아오호나우나우 사적 공원 www.nps.gov/puho/index.htm

하와이 관광청 hawaii.gov/dbedt

하와이 대학교 시스템 www.hawaii.edu

하와이 대학교 천문학연구소 방문자를 위한 정보 www.ifa.hawaii.edu/info/vis

하와이 대학교 힐로 캠퍼스 www.uhh.hawaii.edu

하와이 슈퍼페리 www.hawaiisuperferry.com

하와이안 항공 www.hawaiianair.com

하와이 여행 정보 www.gohawaii.or.kr/information/history.asp

하와이 열대 식물원 www.htbg.com

하와이 원주민 사무국 www.oha.org
하와이퍼시픽 대학교 www.hpu.edu
하와이 한인업소 정보 yp.koreadaily.com
하와이 화산 국립 공원 www.nps.gov/havo/planyourvisit/maps.htm
호놀룰루 동물원 www.honoluluzoo.org
호놀룰루 버스(The Bus) www.thebus.org
호놀룰루 소재 한인기독교회 hikcc.org
힐로해티 선물 가게 www.hilohattie.com

■ 저자 약력

박선엽
경상남도 김해 출생
서울 대성고등학교 졸업
서울대학교 지리학과 졸업(문학사, 1991)
서울대학교 대학원 졸업(문학석사, 1994)
미국 캔자스 대학교 졸업(Ph.D, 2003)
미국 캔자스 대학교 생물연구소, 박사후연구원(2003~2004)
미국 하와이 대학교 – 힐로, 조교수(2004~현재)
NASA Hawaii Space Grant Consortium, Associate Director(2004~현재)

〈신의 고향 하와이〉에 수록된 사진은 대부분 저자가 촬영한 것이며 홍정아, 이병수, Jarrod Thaxton 등이
귀중한 자료를 제공해 주었습니다. 일부 사진의 출처는 아래와 같습니다.

Gemini Observatory, Hawaii University, USGS, Wikipedia, www.gefcoral.org,
www.bluehawaiian.com, www.honoluluadvertiser.com, www.hibtfishing.com, www.surfline.com

신의 고향 하와이
박선엽 교수의 하와이 견문록

초판 1쇄 인쇄 2009년 6월 15일
초판 1쇄 발행 2009년 6월 25일

지은이 박선엽
펴낸이 김선기

펴낸곳 주식회사 푸른길
출판등록 1996년 4월 12일 제16-1292호
주소 (137-060) 서울시 서초구 방배동 1001-9 우진빌딩 3층
전화 02-523-2009 | **팩스** 02-523-2951
이메일 pur456@kornet.net
홈페이지 www.purungil.com, 푸른길.kr

ISBN 978-89-6291-112-1 03980